JN094207

まるごと分かる Swift プログラミング

スウィフト

「コーディングの基礎」から
「アプリ開発の学習法」まで徹底解説

Apple Watch

iPad

iPhone

Mac

AppleTV

はじめに

私は普段、地域の小学生にプログラミングを教えています。

最初のレッスンでは決まって、私は「プログラミングってなんだと思う？」と質問します。

子どもたちは、「ゲームを作ること」とか「ロボットを動かすこと」などと答えてくれますが、私はプログラミングの本質を、「何をすべきか、事前に決めておくこと」と教えます。

＊

たとえば、運動会は当日に競技の順番を考えたりしません。

どの競技を何番目に行なうかは何日も前に決められているので、子どもたちは運動会当日にそれらを滞りなく実行できます。

さらに、運動会では、途中で雨が降ったり、迷子や怪我人が発生したり、何度もトラブルを起こす観覧者が現われたりする状況も、考慮すべきかもしれません。

コンピュータやロボットは出てきませんが、運動会を入念に計画することはプログラミングの本質と言えるでしょう。

つまり、プログラマーやエンジニアでなくても、プログラミングのスキルを習得することは日常や業務上のタスクを上手にこなすために役立つのです。

＊

コンピュータ・プログラミングを学ぶ理由はビジネス上の都合だったり、趣味の一環かもしれません。

いずれにせよ、自分が書いたプログラムを実行して期待通りの結果が得られると、病みつきになるほど楽しいものです。

本書を読んで、あなたが楽しくプログラミングを学び、習得できますように。

新井　進鎬

本書の概要

本書では、iPhoneアプリなどを開発するために利用される「Swift」というプログラミング言語を扱います。

コーディングの基本からSwiftプログラミング特有の概念までを学ぶことフォーカスしているので、アプリの開発は行ないません。

また、実行可能なコードを丁寧に解説し、初心者でもプログラミングを体験しながら学べるようになっています。

*

本書に掲載されているすべてのコードは、MacあるいはiPad上で実行可能です。

実際に手を動かしながら学べるので、より理解を深めることができます。

本書を最後まで読むことで、iPhoneだけでなく、それ以外のAppleプラットフォーム全般でアプリ開発を始めるために必要なスキルが習得できます。

*

本書の対象は、次に挙げるような人です。

- プログラミングを学び始めたい学生
- iPhoneアプリを開発できるようになりたい社会人
- 「C」や「Python」の経験はあるが、「Swift」にも挑戦したいプログラマー
- WEBプログラミングの経験はあるが、モバイル開発も始めたいエンジニア

反対に、次のような人は本書の対象としていません。

- WEBプログラミングを学びたい人
- アプリを作りながらプログラミングを学びたい人
- 何かしらのプログラミング言語を熟知していて、新しい言語を基礎から学びたくない人

CONTENTS

はじめに……2
本書の概要……3
「サンプル・コード」について……6

第1部 イントロダクション

第1章 「Swift」の概要

[1-1] 「Swift」とは……8
[1-2] 「Mac」と「iPad」……9
[1-3] 「Swiftコード」を実行するには……10

第2章 「Mac」で「Swift」を実行するには

[2-1] 「Xcode」をインストールする……12
[2-2] 「Playground」の基本……13
[2-3] 「Playground」で「Swiftコード」を実行するには……16

第3章 「iPad」で「Swift」を実行するには

[3-1] 「Swift Playgrounds」の基本……17
[3-2] 「Swiftコード」を実行するには……18

第4章 「コーディング」の基本

[4-1] 「コーディング」のルールとマナー……20
[4-2] 数値のリテラル……20
[4-3] 文字列のリテラル……21
[4-4] コメント……22

第2部 Swiftプログラミングの基本

第5章 「定数」と「変数」

[5-1] 「演算子」と「被演算子」……24
[5-2] 定数……26
[5-3] 変数……28
[5-4] 複合代入演算子……30
[5-5] 「型」の推論と明示……31

第6章 関 数

[6-1] 「Print機能」と「コンソール」……33
[6-2] 文字列補間……34
[6-3] 関数の基本……35
[6-4] 関数のパラメータ……37
[6-5] 引数ラベルとパラメータ名……38
[6-6] いくつかのパラメータを受け取る関数……40
[6-7] 値を返す関数……41
[6-8] グローバル変数……42
[6-9] ローカル変数……43

第7章 構造体

[7-1] 「構造体」の基本……45
[7-2] プロパティ……47
[7-3] 「構造体」の定数インスタンスとそのプロパティ……48
[7-4] メソッド……51
[7-5] 自己可変メソッド……52
[7-6] 「標準イニシャライザ」と「メンバーワイズ・イニシャライザ」……54
[7-7] 「独自の初期化手続き」を実装する……55
[7-8] 「値型データ」としての「構造体」……57

第8章 「プロパティ」と「メソッド」

[8-1] 計算プロパティ……59
[8-2] 読み取り専用の「計算プロパティ」……62
[8-3] 型プロパティ……63
[8-4] 型メソッド……65

第9章 「真偽値」と「If条件分岐構文」

[9-1] 真偽値……68
[9-2] 比較演算子……69
[9-3] If条件分岐構文……71
[9-4] 「Ifステートメント」のElse節……73
[9-5] 「Ifステートメント」の「Else-If節」……74
[9-6] 論理積算子……76
[9-7] 論理和演算子……77
[9-8] 論理否定演算子……78
[9-9] 三項演算子……80

第10章 オプショナル

[10-1] オプショナル……81
[10-2] 強制的なアンラップ……83
[10-3] If構文による安全な「強制アンラップ」……84
[10-4] オプショナル・バインディング……85
[10-5] オプショナルの暗黙的なアンラップ……87
[10-6] Nil結合演算子……89

第11章 「配列」と「ループ構文」

[11-1] For-Inループ構文……90
[11-2] Whileループ構文……92
[11-3] Repeat-Whileループ構文……93
[11-4] 配列……95
[11-5] 新しい「配列」を作る……96
[11-6] 要素を追加する……98
[11-7] 「配列」に要素を挿入する……100
[11-8] 「配列」の要素を更新する……101
[11-9] 「配列」の要素を削除する……102

第12章 「タプル」と「辞書」

[12-1] タプル……104
[12-2] 辞書……105
[12-3] 「辞書」へのアクセス……107
[12-4] 「辞書」の操作……108
[12-5] 「辞書」の反復処理……110

第13章 「列挙型」と「switch分岐構文」

[13-1] 「列挙型」の基本……112
[13-2] 「switch分岐構文」の基本……114
[13-3] 列挙ケースを評価する「switchステートメント」……116

第3部 高度なSwiftプログラミング

第14章 「プロトコル」と「エクステンション」

[14-1] プロトコル……120
[14-2] プロパティ要件……122
[14-3] メソッド要件……125

第15章 エクステンション

[15-1] 型を拡張して、「メソッド」を追加する……127
[15-2] 型を拡張して、プロパティを追加する……129
[15-3] 「構造体」を拡張して、「イニシャライザ」を追加……131
[15-4] 型を拡張して、「添え字アクセス」を追加する……133

第16章 クロージャ

[16-1] 関数型……135
[16-2] 「関数型」の使い方……136
[16-3] 「関数型」の引数……137
[16-4] 「関数型」の返り値……138
[16-5] クロージャ式……139
[16-6] 文脈から型を推論する……142
[16-7] 引数名を短縮する……143
[16-8] 末尾クロージャ……144

第17章 ジェネリクス

[17-1] 「ジェネリクス」が解決できること……147
[17-2] ジェネリック関数……149
[17-3] ジェネリック型……151

第4部 ステップアップ

第18章 SwiftUI

[18-1] 「SwiftUI」とは……156
[18-2] 宣言型シンタックス……157
[18-3] デザインツール……157
[18-4] データとビューの連携……159

第19章 「Mac」で「Appの開発」を学ぶ

[19-1] 「SwiftUI」について……160
[19-2] iOS向けAppの開発……161
[19-3] 「SwiftUI」のサンプルApp……162

第20章 「iPad」で「Appの開発」を学ぶ

[20-1] 「Swift Playgrounds」でのApp開発……163
[20-2] Appギャラリー……166

第21章 学び続ける

[21-1] WWDC……168
[21-2] 「WWDC」のセッションを視聴する……170

謝辞……172
索引……173

「サンプル・コード」について

各章に含まれている見出しごとに、「サンプル・コード」のファイルを用意しました。下記のページからダウンロードできます。

「サンプル・コード」のファイルは、第1章で解説する「Xcode」および「Swift Playgrounds」で開くことができます。

<工学社ホームページ>

https://www.kohgakusha.co.jp/suppor_u.html

ダウンロードしたファイルを展開するには、下記のパスワードが必要です。
すべて半角で、大文字小文字を間違えないように入力してください。

gLG4VfYx

すべて「半角」で、「大文字」「小文字」を間違えないように入力してください。

第1部

イントロダクション

第１部では、本書を使って「Swiftプログラミング」を学ぶにあたって知っておくべきことを述べています。

これからプログラミングを学び始める人にとっては、最も重要なパートかもしれません。

第1章

「Swift」の概要

「Swift」は、Apple社のデバイスで動作するアプリケーションを開発するための、まったく新しい「プログラミング言語」として登場しました。

1-1 「Swift」とは

世の中には「プログラミング言語」はたくさんありますが、その中でも「Swift」は新しい部類に入ります。

「Python」は1991年、「JavaScript」は1995年、「C#」は2000年に登場しましたが、「Swift」の登場は2014年です。

そのおかげで、言語の設計段階から近代的な思想が数多く取り入れられており、パワフルかつ高速な動作と柔軟性に加え、安全なコーディングを実現しています。

また、インタラクティブな実行環境が用意されており、学習しやすいという特徴もあります。

＊

「Swift」は着実にバージョンアップを重ねており、2023年の3月末には「Swift 5.8」がリリースされました。

現在はオープンソース化されており、活発なコミュニティも存在します。

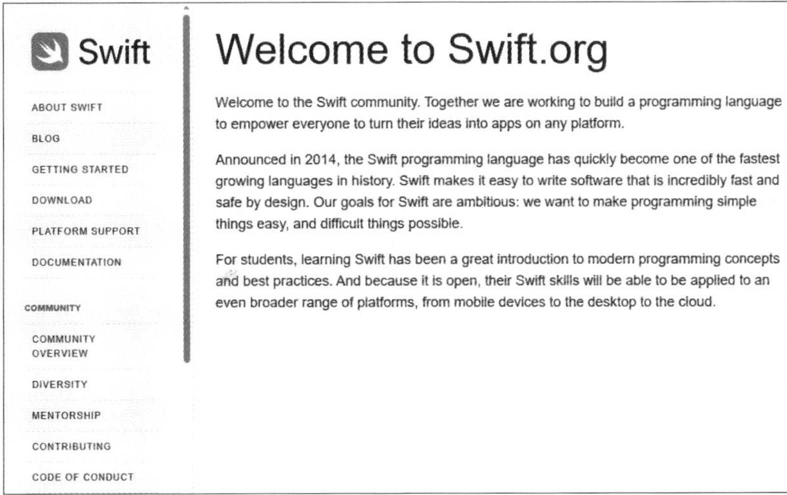

Swift.org
Swiftのコミュニティの一つ

1-2 「Mac」と「iPad」

本書に掲載されている「Swiftコード」を実行するには、「**Mac**」あるいは「**iPad**」が必要です。

＊

「Mac」は、Apple社が製造する「コンピュータ」の総称です。

デスクトップ型は、「iMac」や「Mac mini」、ラップトップ型は「MacBook Air」や「MacBook Pro」など、多彩なラインナップがあります。

「Mac」のシステムには、「**macOS**」がインストールされています。

そのため、一般的にPCと呼ばれている、“システムに「Windows」がインストールされたコンピュータ”とは、互換性はありません。

本書に掲載されている「Swiftコード」を「Mac」で実行するには、最新の「macOS」がインストール可能な「Mac」を準備してください。

＊

もう一方の「iPad」は、Apple社が製造する「タブレット型コンピュータ」です。

システムには、「**iPadOS**」がインストールされており、日常的に利用しやすい「iPad」や「iPad Air」、ヘビーユーザー向けの「iPad Pro」などのラインナップがあります。

「iPadOS」は、Galaxyシリーズのような"システムにGoogle社の「Android」がインストールされたタブレット"などとは、互換性はありません。

よって、本書に掲載されているSwiftコードを「iPad」で実行するには、最新の「iPadOS」がインストール可能な「iPad」を準備してください。

なお、「iPad」でコーディングする際は、キーボードを接続することを強くお勧めします。

＊

本書は「Mac」や「iPad」がなくても、しっかり理解できる内容になっています。

しかし、実際にコーディングしながら読み進めると、より楽しく理解を深めることができるでしょう。

1-3 「Swiftコード」を実行するには

人間同士が自然言語で会話するように、コンピュータは「**機械語**」を理解します。

「**バイナリ**」とも呼ばれる「機械語」は、「0」と「1」だけで表現されるので、人間が直接読み書きしたり理解することはできません。

そこで、人間はコンピュータへの命令文を記述するために「プログラミング言語」を利用します。

＊

一貫した文法で記述された「プログラミング言語」の命令文は、「**コンパイラ**」によって機械語に「**コンパイル**」(翻訳)されてからコンピュータで実行されます。

「Mac」で「Swiftコード」を実行する場合は、「**Xcode**」に搭載されているコンパイラを使います。

「iPad」で「Swiftコード」を実行するなら「**Swift Playgrounds**」です。

＊

「Xcode」は、「Mac」で動作する「**統合開発環境**」(IDE; Integrated Development Environment)です。

「IDE」とは、プログラムのコーディングやアプリ画面の構築、あるいはバージョン管理など、ソフトウェア開発に必要なあらゆる機能が統合されたツールです。

本書では、主に「Xcode」の「**Playground**」を利用します。

「Playground」はコードを対話的に実行するために、「Xcode」の一部として用意された環境です。

なお、「Xcode」はApple社によって提供されており、「Mac App Store」から無料で入手できます。

*

一方、「Swift Playgrounds」は、Apple社が提供している「iPad」用の無料アプリです。

もともとは「Swiftコーディング」を学ぶための学習アプリでしたが、バージョンアップによって本格的なアプリ開発もできるようになりました。

「Swift Playgrounds」はMac版もリリースされており、こちらも「Mac App Store」から無料で入手できます。

それぞれの実行環境を構築する手順やアプリの使用方法については、後の章で解説します。

第2章

「Mac」で「Swift」を実行するには

ここでは、「MacでSwiftコードを実行する方法」や、「そのための環境を構築する手順」について解説します。

本書のコードを「iPad」で実行したい方や「Mac」をもっていない場合は、読み飛ばしてもかまいません。

2-1 「Xcode」をインストールする

「Xcode」は「Mac App Store」から入手します。

それ以外のWEBサイトなどからダウンロードはできません。

非公式な方法で入手することは危険ですので、絶対にやめましょう。

*

「Mac App Storeアプリ」を起動したら、「開発する」タブを開くか、検索窓に「Xcode」と入力してください。

「Xcode」が見つかったら、「入手」をクリックします。

すると、ダウンロードが開始されて、そのままインストールが行なわれます。

*

初回の起動時に、「Mac」の管理者アカウントのパスワードを求められることがあります。

場合によっては「追加コンポーネント」のインストールを指示されることがありますが、初期設定のまま、指示に従って作業を続行してください。

「追加コンポーネント」の通知画面

> ※「Xcode」に関する詳細情報は、Appleの開発者向けWEBサイト(下記URL)にて紹介されています。
> https://developer.apple.com/jp/xcode/

＊

「Xcode」のダウンロードとインストールには、時間がかかる場合があります。

また、ダウンロードするためには、「Mac」のディスク容量を十数GB以上確保しておく必要があります。

2-2 「Playground」の基本

「Playground」は、「Xcode」に用意された対話的な実行環境です。

1行ずつコードを実行できるので、プログラミング学習に最適です。

本書に掲載されているコードは、このPlayground環境で実行できます。

＊

手 順　新しい「Playgroundファイル」を作る

[1] 新しい「Playgroundファイル」を作るには、「Xcode」のメニューバーから「File > New > Playground...」を選択します。

[2]「Choose a template for your new playground:」の画面が表示されたら、そのまま「Next」をクリックしてください。

[3] 次の画面で「ファイルの名前」と「保存場所」を指定したら、「Create」をクリックします。

すると、「新規Playgroundファイル」が開きます。

なお、「Playground」上での作業内容は自動的に保存されます。

意図的に保存操作を行ないたい場合は、メニューバーから「File > Save」を選択します(あるいは[command] + [S]キー)。

次図は、起動した直後の「Playground画面」です。

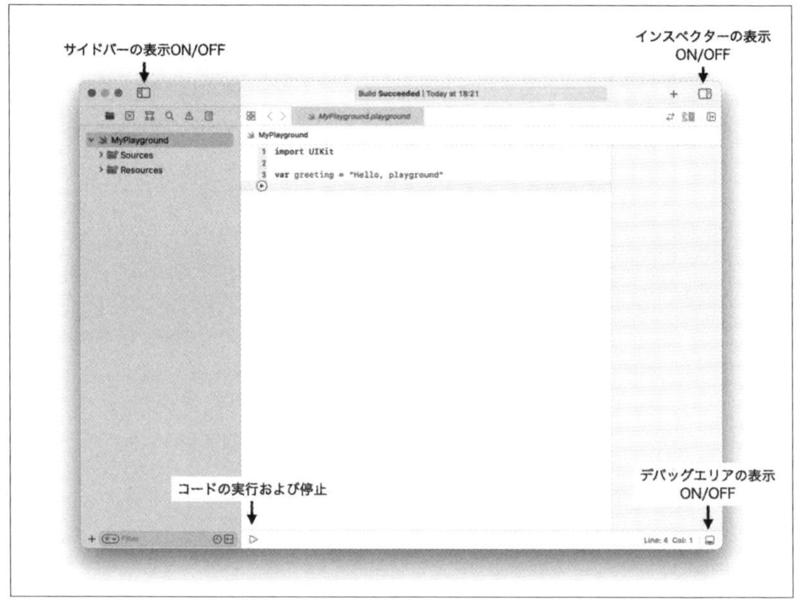

起動した直後の「Playground画面」

＊

画面左側のサイドバー形式で表示されている領域を「**ナビゲーター**」と言います。

左上のボタン(あるいは[command] + [0]キー)で、表示と非表示を切り替え可能です。

※本書では特に使わないので、非表示にしておいて問題ありません。

画面中央の広い領域を占めているのは「**エディタ**」です。
ここにコードを書いて実行します。
コードを実行した結果は、その行のすぐ右側に表示されます。

＊

右上のボタン(あるいは[option] + [command] + [0]キー)で、表示と非表示を切り替えられる領域を、「**インスペクター**」と呼びます。

「インスペクター」には、選択したコードや作業中のプログラムに関する、さまざまな情報が表示されます。

「ファイル・インスペクター」「履歴インスペクター」「ヘルプ・インスペクター」などのタブで構成されています。

＊

画面右下のボタンをクリック(あるいは[shift] + [command] + [Y]キー)すると、「**デバッグエリア**」の表示を切り替えることができます。

「デバッグエリア」は、プログラムの実行結果やエラー内容が表示される領域です。
非表示にしておいても、状況に応じて自動的に表示されます。

2-3 「Playground」で「Swiftコード」を実行するには

通常、プログラムのコードは、上の行から「**順次実行**」されます。

「Playground」でコードを実行するには、2つの方法があります。

(1) すべてのコードを実行する
(2) コードを1行ずつ実行する

(1) すべてのコードを実行するには、[shift] + [command] + [return] キーを押します。

あるいは、エディタ下部にある「**実行ボタン**」をクリックすることでも、すべてのコードを実行できます。

「実行ボタン」はクリックされると、「**停止ボタン**」に切り替わります。

(2) 選択した行までのコードを実行するには、カーソルを任意の行に移動してから [shift] + [return] キーを押します。すると、先頭行からその行までのコードを実行できます。

あるいは、エディタの行番号にマウスカーソルを合わせると表示される「三角形のアイコン」をクリックしても、同じようにコードを実行できます。

*

(1) と (2) のいずれの方法で実行した場合でも、実行されたコードの行番号は灰色になります。

「停止ボタン」をクリックしてプログラムの実行を停止したり、エディタに新しいコードを記述すると、「実行状態」がリセットされて、「行番号の表示」が元の青色に戻ります。

*

場合によっては、エディタに「行番号」が表示されていないことがあります

「行番号」を表示するには、メニューバーから「Xcode > Settings... > Text Editing > Display」を選択して、「Line numbers」項目にチェックを入れてください。

第3章

「iPad」で「Swift」を実行するには

本章では、「iPad」の「Swift Playgroundsアプリ」でコードを実行する方法を解説します。

「Swift Playgrounds」はMac版も提供されているので、本書のコードを「Mac」で実行する場合も、この章に目を通しておくことをお勧めします。

なお、Mac版の「Swift Playgroundsアプリ」は、「Mac App Store」から入手できます。

3-1 「Swift Playgrounds」の基本

「App Store」から「Swift Playgroundsアプリ」を入手したら、さっそく起動してみましょう。

＊

「Swift Playgroundsアプリ」を起動すると、「マイプレイグラウンド」のライブラリが開きます。次図は、「Swift Playgrounds」のライブラリ画面です。

起動直後の「Swift Playgroundsアプリ」

「Swift Playgrounds」を利用してプログラミングを学ぶには、このライブラリに「プレイグラウンド」を追加します。
画面右下の「すべてを見る」をクリックすると、新しいプレイグラウンドを入手できます。

ライブラリと「プレイグラウンド」は、本棚とノートブックの関係に似ています。
さまざまな内容の「プレイグラウンド」が用意されているので、自分のスキルレベルに合わせて学習を進めることができます。

＊

「Swift Playgrounds アプリ」の最新情報はAppleの開発者向けWEBサイトで確認できます。

Swift Playgrounds
https://developer.apple.com/jp/swift-playgrounds/

3-2 「Swiftコード」を実行するには

「iPad」で本書のコードを実行するには、画面下部の「その他のプレイグラウンド」から「プレイグラウンド」を選択します。
すると、ライブラリに新しい「プレイグラウンドブック」が追加され、クリックして開くことができます。
次図は、新しい「プレイグラウンド」を開いた直後の画面です。

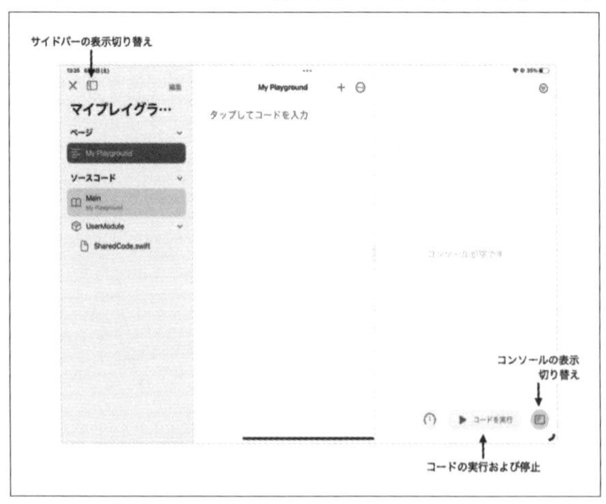

新しいプレイグラウンドブック画面

「タップしてコードを入力」と表示されている領域が「**エディタ**」です。

画面右下の「コードを実行」ボタンをクリックすると、コードを実行できます。

「Xcode」のPlayground環境とは異なり、部分的に実行することはできません。

*

コードを1行ずつ実行したい場合は「コードを実行」ボタンの左側にある、スピード計のアイコンをクリックして、「コードをステップ実行」あるいは「ゆっくりステップ実行」を選択してください。

*

「コードを実行」ボタンの右側にあるアイコンをクリックすると、「**コンソール**」の表示と非表示を切り替えることができます。

コードの実行結果を「コンソール」に表示できる場合、このアイコンに赤い印が点灯します。

なお、「Swift Playgroundsアプリ」はコード補完のサポートがあります。

さまざまな「Swiftコード」のキーワードが画面下部にリスト表示されるので、必要に応じて選択すると効率的にコーディングできます。

第4章

「コーディング」の基本

いよいよ、「コーディングの時間」です。
まずは、単純な値を書いてみることから始めます。
原則的に、プログラムのコードは、「半角」で記述します。

4-1 「コーディング」のルールとマナー

「メモ帳」に自由な文章を書くのとは違い、「コーディング」には「ルール」や「マナー」があります。

＊

「ルール」を守らなかった場合、コンパイラは記述されたコードが不正であることを検知して、「エラー」を報告します。

そして、マナーを守らなければ、エラーにはなりませんが、コードの見た目が煩雑になってしまいます。

4-2 数値のリテラル

記述された内容自体がデータを示すコードを、「**リテラル**」と言います。

たとえば、以下に記述する1から5の値は、「**整数**」(Integer)の「リテラル」です。

```
1
2
3
4
5
```

数値のデータとして、「負の値」や「少数点数」の値を記述することもできます。

「少数点数」は特に「**浮動小数点数**」(Floating-point number)と言ったりします。

```
0.99
-123
-4.56
```

上のコードで、一つの値ごとに改行されている点に注目してください。

＊

基本的に、「コーディング」では1行に一つのデータだけを記述します。

つまり、1から5の整数を、以下のように記述することはできません。

値ごとに「空白スペース」や「カンマ記号」で区切っても、コンパイラはエラーを報告します。

```
1 2 3 4 5
1,2,3,4,5
```

4-3 文字列のリテラル

プログラミングにおいて、「文字のデータ」は特に「**文字列**」(String)と言います。

それが「1文字」だけであっても「文字列」です。

「文字列リテラル」は、その前後を「ダブルクォーツ記号」(")で囲むというルールがあります。

「文字列リテラル」では、半角だけでなく、全角でも記述できます。

また、絵文字を利用することもできます。

```
"Hello"
"こんにちわ"
"🍎"
```

「文字列リテラル」内に、空白スペースがある文章を作ることもできます。

```
"Swift is a powerful programming language that is also easy
to learn."
```

＊

以上のことは、人間には同じ内容に見える内容であっても、プログラミングではまったく異なるデータであることを意味します。

たとえば、以下のコードの**1行目**は数値の「123」ですが、**2行目**は文字列の「"123"」です。

```
123
"123"
```

プログラミングにおいて、「数値」と「文字」は、完全に異なるデータです。

これらを混同しないように気をつけてください。

4-4 コメント

プログラムには、コンパイルされるコード以外の、「**コメント**」を残しておくことができます。

「コンパイラ」はコンパイル時に「コメント行」を無視するので、プログラマーは自由に思いの丈を記しておくことができます。

「コメント行」には、先頭に二つの「スラッシュ記号」(//)を記述します。

```
// Comments are not code.
```

コードと同じ行に「コメント」を記述することもできます。

```
3.14159263       // pi
"Abracadabra"    // ちちんぷいぷい
```

複数行にわたる「コメント」を記述するには、「スラッシュ記号」(/)と「アスタリスク記号」(*)を組み合わせます。

```
/*
 You can also write multiline comments.
 You can also write multiline comments.
 You can also write multiline comments.
*/
```

＊

実際のプログラミングにおいて、有意義なコメントを書くことは重要です。

冗長ではなく、簡潔かつ要点を押さえた「コメント」は、プログラムの読み手にとって非常にありがたいものです。

第2部

Swiftプログラミングの基本

第2部では、「プログラミング」の基本的な概念や、アプローチについて解説しています。

「Swift」以外のプログラミング経験がある方なら、容易に理解できるでしょう。

「Swift」ならではの特徴にも言及しているので、他の言語との違いを、比較しながら読み進めるのもお勧めです。

第5章

「定数」と「変数」

「プログラミング」とは、要するに「データを操作する」ことです。

そのために、どんな「プログラミング言語」にも、「足し算」や「引き算」といった、データを操作する方法が用意されています。

そして、データに名前をつけて呼び出せるようにする仕組みを利用すると、「データの演算」に意図を表現できます。

5-1 「演算子」と「被演算子」

コードで計算を行なうには「**演算子**」(operator)と呼ばれる、さまざまな記号を使います。

・足し算には、「プラス記号の加算演算子」(+)を使います。
・引き算を行なうには、「マイナス記号の減算演算子」(-)を使います。
・掛け算には、「アスタリスク記号の乗算演算子」(*)を使います。
・割り算は、「スラッシュ記号の除算演算子」(/)を使います。
・「パーセント記号の剰余演算子」(%)を使うと、「割り算の余り」を計算できます。

下に記述するように、「演算子」の両側に空白スペースを空けると、コードが読みやすくなります。

```
1 + 2    // addition is 3
3 - 4    // subtraction is -1
5 * 6    // multiplication is 30
8 / 6    // division is 1
8 % 6    // remainder is 2
```

「演算子」の両側にある値のことを「**被演算子**」(operand)と言います。
また、プログラミングでは、「演算子」を使ったデータ処理の全般を、「**演算**」と言います。

「演算子」の片側だけに空白スペースがあったりなかったりすると、コンパイラはエラーを報告します。

```
1 +2    // error
1+ 2    // error
```

*

なお、「Swift」の「加算演算子」(+)は、文字列同士を足し算することもできます。

```
"abc" + "def"     // abcdef
```

このような処理は、文字列の「**結合**」または「**連結**」と呼ばれます。

ただし、以下のような「加算処理」を実行しようとすると、コンパイラはエラーを報告します。

```
"123" + 456 // error
```

これは、二つの「被演算子」が、「String型」と「Int型」という異なるデータ型だからです。
「Swiftプログラミング」では、「異なるデータ型」同士は演算できないルールがあります。
これは安全なプログラムを実行するための重要なルールなので、覚えておきましょう。

5-2 定数

「プログラミング」では、「値に名前をつけて呼び出せる」と便利な場面があります。

たとえば、「地球の直径」というデータを頻繁に扱うプログラムがあったとします。

「地球の直径」はおよそ「12,756km」なので、「整数リテラル」として扱うかもしれません。

ただし、「12756」という数値だけでは、「それが地球の直径である」ことを読み手に伝えることはできません。

そこで、コメントを残しておけば、読み手に「これは地球の直径だ」と伝えられるでしょう。

```
12756  // diameter of the earth
```

とはいえ、他にも、プログラムで「地球の直径」を使うたびに、プログラマーが「直径は12,756である」ことを思い出さなければならいないのはナンセンスです。

もしかすると、間違って覚えてしまうかもしれないし、キーボードの入力を誤ってしまう恐れもあります。

＊

このような問題は、「値に名前をつけておいて、必要なときに呼び出す」仕組みを利用すると、解決できます。

「Swift」では、「let」キーワードを使って、「値に名前をつける」ことができます。

```
let diameterOfEarth = 12756
```

上のコードは、「プログラムの中でdiameterOfEarthという名前を使う」ことをコンパイラに「**宣言**」します。

そして、それと同時に、「diameterOfEarthの値が12756である」ことを「**定義**」しています。

なお、このコードで使っているイコール記号は、「代入演算子」(=)と言います。

宣言した名前を呼び出すと、その値を「**参照**」できます。

コードを実行すると、それを参照した結果が画面右側のサイドバーに表示されます。

```
diameterOfEarth    // 12756
```

値を呼び出すためにつけた名前は、データの「**識別子**」です。

特に、「let」キーワードを使って宣言した「識別子」は、「**定数**」と言います。

そして、名前で呼び出せるように設定した値を、「**既定値**」と言います。

*

「Mac」の「Xcode」で作業している場合、[option]キーを押しながらコード上の定数「diameterOfEarth」をクリックすると、その「データ型」を確認できます。

クイックヘルプのウィンドウに、「定数diameterOfEarthはInt型である」旨が表示されます。

また、「iPad」の「Swift Playgroundsアプリ」で作業している場合は、コードを直接タッチして表示される「ヘルプ」を選択すると、同じ内容を確認できます。

これは、「定数diameterOfEarthは宣言時に整数が設定されたのでInt型である」と、コンパイラが推論したことを示しています。

*

定義した「定数」は、プログラムの中でいつでも何度でも呼び出せます。

そして、呼び出した「定数」が返す値は、「定義したときと常に同じである」ことが保証されます。

当たり前のことのように思われますが、これはとても重要です。

5-3 変数

一般的に、「地球の直径」はいつも同じで、変化しない値です。
対照的に、「誰かの身長」や「現在の気温」は、日々刻々と変化するデータです。

このような「変更する可能性があるデータ」をプログラムで扱う場合は、その値を「**変数**」として定義します。

＊

「変数」を宣言するには、「var」キーワードを使います。
たとえば、次のコードは「年齢」が17歳であることを定義します。
「変数」の呼び出し方は、「定数」とまったく同じです。

```
var age = 17
age     // 17
```

ここでは、「変数名」も「ローワー・キャメルケース」に従って命名する点に注目してください。

なお、「Swiftプログラミング」では、基本的に「定数」を使うことが推奨されています。
その理由は、常に値が固定されることによる安全性です。
値を更新する必要がある場合に限り、「変数」を使ってください。

＊

定義した「変数」の値を変更するには、「代入演算子」(=)を使います。

```
age = 18
age     // 18
```

上記のコードは「年齢が18歳になった」ことを意味します。
そして、変数「age」を呼び出すと、「値が」更新されていることを確認できます。

コンパイラは、この変数「age」を「Int型」であると推論します。
したがって、この変数「age」に「整数」以外のデータを設定することはできません。

変数「age」を小数点数の値で更新しようとすると、「コンパイルエラー」が発生します。

```
age = 18.5   // error: Cannot assign value of type 'Double'
to type 'Int'
```

これは、「Swiftコンパイラ」が常に「コードの型チェック」を行なっていることを意味します。

＊

「型が曖昧なデータ」を厳しくチェックすることによって、「Swift」の「型安全なプログラミング」が可能になります。

一般的に、「厳しい型チェック」が行なわれるプログラミング言語は、「**静的型付け言語**」と呼ばれます。

対照的に、変数の更新にあたって「どのようなデータ型の値」でも更新可能な言語を、「**動的型付け言語**」と言います。

近年、多くの「プログラミング言語」は「静的型付け」をサポートする傾向があります。

5-4 複合代入演算子

冗長なコードは、読み手の負担になるだけでなく、バグの温床になります。
同じ手続きを実行する場合でも、コードを工夫することで、手短に記述できる場合があります。

気温は上がったり、下がったりを一日の間に何度も繰り返す値です。

次のコードは、「現在の気温が26.5度である」ことを示します。

```
var temperature = 26.5
```

ここで、気温が0.1度だけ上昇したとします。
その場合は「26.5」に0.1を加算して、現在の気温を「26.6」に更新します。

```
temperature = temperature + 0.1
temperature    // 26.6
```

上のコードでは、変数「temperature」に「0.1だけ加算した値」を代入します。

その結果、変数「temperature」を参照すると、「26.6」が取得できます。
このコードにおける加算処理は次のようにして、手短に記述できます。

```
temperature += 0.1
temperature    // 26.6
```

この「+=」のような「演算と代入を同時に行なう演算子」を、「**複合代入演算子**」と言います。
なお、引き算や割り算、掛け算についても、「複合代入演算子」を使った省略記法を利用できます。

一定値ずつ増やす処理は「**インクリメント**」と言います。
反対に、一定値ずつ減らす処理を特に「**デクリメント**」と言います。

5-5 「型」の推論と明示

「Swift」は、「型」に厳格なプログラミング言語です。

それによってコードが安全を維持できるだけでなく、プログラマーも安心できる利点があります。

コンパイラは、「型」を意識したプログラミングが簡単にできるようにするための、強力なサポートを提供します。

*

以下では、ランナーの合計タイムを競うリレーのプログラムを例にして、「Swift」の「型安全」を解説します。

次のコードは、2人のランナーが走った記録を「定数」として定義します。

```
let lap1 = 6.1
let lap2 = 5

lap1 + lap2    // error
```

これらの記録を足し算しようとすると、コンパイラはエラーを報告します。

その原因は、「異なる型の値同士は演算できない」からです。

「Swiftコンパイラ」は、既定値に基づいて「その識別子をどのようなデータ型として扱うか」を決定します。

したがって、定数「lap1」は「Double型」であると推論されます。

一方、定数「lap2」は、「Int型」であると推論されます。

このように、コンパイラが値の「データ型」を決定する仕組みを、「**型推論**」と言います。

*

合計タイムを計算できるようにコードを修正しましょう。

次のコードでは、「**型アノテーション**」を使って、二人目の記録を「Double型」に揃えます。

「型アノテーション」は、識別子の直後に「コロン記号と型名」を記述します。

```
let lap1 = 6.1
let lap2: Double = 5   // Add type annotation.
lap1 + lap2
```

定数「lap2」が「Double型」であると明示したことによって、エラーが解消されます。

*

「型アノテーション」は、識別子のデータ型を明示したい場合に利用可能です。

ただし、「型アノテーション」を多用しすぎると、コードの簡潔さが損なわれて冗長な印象を与えます。

実際の「Swiftプログラミング」では、積極的に「型推論」を利用することが推奨されています。

第6章

関　数

効率よくプログラミングをするための方法はたくさんあります。

「開発環境に用意された機能」「Swift言語に用意された機能」「自分で定義する機能」などです。

これらの機能を上手に使えば、不具合の少ない、期待通りに動作するコードが記述しやすくなります。

6-1　「Print機能」と「コンソール」

プログラムに潜んでいる欠陥や「意図しない動作の原因」を、「**バグ**」と言います。

そして、バグを修正する作業のことを、「**デバッグ**」と言います。

「Xcode」の「**デバッグエリア**」は「デバッグの際に役立つ情報」を提供します。

「デバッグエリア」を表示するには、メニューバーから「View > Debug Area > Show Debug Area」を選択します。

「デバッグエリア」では「特定のコードを実行した結果」や「発生したエラーの詳細情報」を確認できます。

一般的に、このような情報が表示される画面を「**コンソール**」と言ったりします。

コンソールに「ハロー、ワールド」と出力することは、古くから伝わるプログラミングの慣習です。

＊

「Swift」の「print機能」を使うと、「コードを実行した結果」がコンソールに出力できます。

「print機能」には数値のデータを渡すこともできます。

```
print("Hello, world!")    // Hello, world!
print(123)    // prints 123
```

この仕組みを上手に利用すれば、実行したプログラムのコードを追跡できます。

「print機能」は、「Swift」に用意されている、さまざまな「**関数**」の一つです。

「print()関数」とコンソールを使って「実行中のコードを追跡する」ことは、デバッグの基本です。

期待した通りにプログラムが動かない場合は、デバッグを行なうことをお勧めします。

6-2 文字列補間

デバッグの際に、「変数」や「定数」の値をコンソールに出力すると、有益な情報を得られることがあります。

*

以降の例では、デバイスの充電を管理するプログラムを考えます。

次のコードは、バッテリ残量をパーセンテージ単位で追跡します。

```
var battery = 0.98
print(battery) // Prints 0.98
```

変数「battery」は、現在のバッテリ残量が98パーセントであることを示しています。

そして、「print()関数」を使って「現在のバッテリ残量」をコンソールに表示しています。

しかしながら、コンソールの0.98を見ただけでは、「それが何を意味するのか」が分かりません。

そのような場合には、「バックスラッシュ記号」(¥)と「丸括弧」(())を組み合わせて、文字列の間にデータを埋め込む「**文字列補間**」を利用できます。

```
print("Battery is ¥(battery * 100) %.") // Prints Battery
is 98 %.
```

上のコードが示す通り、補間部分で演算を行なうこともできます。

「文字列補間」は、デバッグ以外でも頻繁に利用されるテクニックです。

6-3 関数の基本

「Swift」には「print()関数」の他にも、たくさんの「関数」が用意されています。

どのような機能にしろ、「関数」は「一連の手続きに名前をつけて、呼び出す」ための方法です。

以降の例では、独自の機能を果たす新しい関数を自分で定義する方法を、解説します。

＊

次の手順で、コンソールに「"Hello, world!"」と出力するだけの「hello()関数」を定義できます。

手　順　**「hello()関数」を定義する**

[1]「funcキーワード」を使って、関数の定義を始める。

[2] 関数の名前をつける(ここでは「hello」とする)。

[3] 関数名の直後に「丸括弧」(())をつける。

[4]「波括弧」でコードブロック({})を作る。
このコードブロックは、関数の「ボディ」です。

[1]から[4]の手順で、以下のような「hello()関数」を宣言できます。

なお、「Swift」の関数名は、「ローワー・キャメルケース」で記述します。

上記の手順に従って、「hello()関数」は、以下のように定義できます。

```
func hello() {
    print("Hello, world!")
}
```

当初の目的通り、この関数のボディでは「"Hello, world!"」を出力しています。

「hello()関数」を呼び出すコードを実行すると、コンソールにメッセージが出力されます。

定義した「hello()関数」は、いつでも何度でも呼び出すことができます。

```
hello()     // Prints Hello, world!
hello()     // Prints Hello, world!
hello()     // Prints Hello, world!
```

*

関数を定義して呼び出すことのメリットは何でしょうか。

何度も「"Hello, world!"」を出力するプログラムを考えてみてください。

「hello()関数」があれば、メッセージのスペルミスを防げるだけでなく、コードの簡潔さが保たれます。

6-4 関数のパラメータ

「**パラメータ**」を使って「関数の動作」をカスタマイズすると、ほとんど同じですが、少しだけ機能が異なる関数を定義できます。

＊

たとえば、友達に挨拶するための「greeting() 関数」は、どのように定義できるでしょうか。

「チャーリーに挨拶するための関数」と「ルーシーに挨拶するための関数」を別々に定義するのは、ナンセンスです。

「その関数がどのように動作するか」を指定する「パラメータ」は、「関数名」の直後にある「丸括弧」(()) の中に宣言できます。

```
func greeting(who: String) {
    print("Hello, ¥(who)!")
}
```

上のコードにおいて、「greeting() 関数」に宣言したパラメータ「who」は、「挨拶する誰か」を示す識別子です。

そして、「型アノテーション」の「:String」は「who が文字列型である」ことを明示します。

また、関数のボディでは「受け取ったパラメータ値の who」を参照している点に注目してください。

＊

以下のコードでは、「hello(who:) 関数」を呼び出して、友達の「チャーリー」に挨拶します。

さらに、同じ関数を使って「ルーシー」にも挨拶します。

```
greeting(who: "Charlie")     // Prints Hi, Charlie.
greeting(who: "Lucy")        // Prings Hi, Lucy.
```

同じ「greeting(who:) 関数」を使って、チャーリーとルーシーに個別の挨拶ができました。

これは、関数の実行結果が「パラメータの値」に基づいて変化したことを意味します。

＊

パラメータを利用すると、関数が「どのように動作するか」を呼び出し時に指定できます。

なお、パラメータは文脈上、「**引数**」と呼ぶこともあります。

6-5 引数ラベルとパラメータ名

パラメータを受け取る関数は、パラメータ名とは別に「**ラベル**」を設定できます。

「ラベル」はその名の通り、「パラメータ名の上に貼り付けたシール」のようなものです。
関数を呼び出すコード側で、読み手に「そのパラメータの役割や意図」を伝えることができます。

なお、「ラベル」は文脈上、「**外部引数名**」と呼ばれることもあります。
対照的に、関数の「ボディ」で参照できるパラメータ名のことを「**内部引数名**」と呼んだりします。

＊

以降の例では、友達に挨拶する関数を定義して、そのパラメータにラベルを設定します。
ここでは、パラメータの直前に「myFriend」というラベルを指定しました。

```
func greeting(myFriend who: String) {
    print("Hello, ¥(who)!")
}

greeting(myFriend: "Linus")    // Prints Hi, Linus!
```

上のコードでは、「ラベル」を使って関数を呼び出している点に注目してください。
パラメータに「ラベル」がある関数は、呼び出し時にパラメータ名を指定しません。

「ラベル」のおかげで、関数の呼び出しコードは「友達のライナスに挨拶する

(Greeting my friend Linus)」という英文として読むことができます。

「ラベル」がなかった以前のバージョンよりも、「友達に挨拶する」意図が明確です。

＊

なお、関数を定義する際に「ラベル」を「アンダースコア記号」(_) にすると、その関数をより簡潔に呼び出せます。

```
func greeting(_ who: String) {
    print("Hi, ¥(who)")
}

greeting("Linus")  // Prints Hi, Linus!
```

この関数の呼び出しコードには、パラメータ名も「ラベル」もありません。

ラベルの省略に用いられた「アンダースコア記号」(_) は「**ワイルドカード**」と呼ばれたりします。

＊

独自の関数を定義する際は、それか「どのような機能を果たすか」だけではなく、「どのように呼び出されるか」までを考慮しておくとよいでしょう。

6-6 いくつかのパラメータを受け取る関数

関数が受け取ることができるパラメータは、一つだけではありません。

関数名の直後にある「丸括弧」(()) は、「**パラメータリスト**」です。

「パラメータリスト」には、パラメータを「カンマ記号」(,) で区切って、いくつも並べることができます。

＊

以下に定義する「area(height:widht:) 関数」は「四角形の面積」を計算します。

四角形の面積は「高さと横幅の掛け算」なので、この関数は二つの値を受け取ります。

```
func area(height: Int, width: Int) {
    print(height * width)
}

area(height: 3, width: 5)        // Prints 15
```

「パラメータリスト」では、Int型のパラメータとして「height」と「width」を宣言しています。

そして、コードブロックの中で、これらのパラメータを掛け算して面積を計算します。

関数を呼び出して「高さが3で横幅が5」と指定した結果、四角形の面積は「15」です。

6-7 値を返す関数

関数は「呼び出し元のコード」に、その実行結果を返すことができます。

ここでは、前節で定義した「area(height:width:)関数」が「計算した面積」を「呼び出し元のコード」に返せるようにします。

関数の呼び出し元に値を返すには、その旨を宣言しておく必要があります。

そのためには、宣言の最後に「矢印」(->)と「返す値のデータ型」を追記します。

矢印は「ハイフン(-)と不等号(>)」を組み合わせて記述します。

そして、関数のボディで値を返すために「returnキーワード」を使います。

＊

以下のコードにおいて、「area(height:width:)関数」は「整数同士を掛け算した値」を返すので、矢印の後にInt型と記述します。

そして、「returnステートメント」では「面積の計算結果」である定数「area」を返します。

```
func area(height: Int, width: Int) -> Int {
    let area = height * width
    return area
}
```

「returnキーワード」によって返される値を「関数の**返り値**」と言います。

これで、関数の実行結果である「四角形の面積」を、プログラムで再利用できるようになりました。

＊

なお、関数のコードブロックが1行だけの場合、「返り値」の「returnキーワード」を省略可能です。

実際のところ、「area(height:width:)関数」のボディは定数「area」を定義しなくても「面積を計算した結果」を返すことができます。

```
func area(height: Int, width: Int) -> Int {
    height * width
}

let smallRectangle = area(height: 3, width: 4) // 12
print(smallRectangle)      // Prints 12
```

上のコードにおいて、関数のボディは1行だけなので「returnキーワード」はありませんが、関数は暗黙的に値を返すことができます。

＊

関数が「値を返す」と宣言したのに、ボディにその実装がない場合は、コンパイラはエラーを報告します。

6-8 グローバル変数

定義した「定数」や「変数」は、プログラムのどこからでも参照できるわけではありません。

その「定数」および「変数」が呼び出せる範囲のことを、「**スコープ**」と言います。
「スコープ」の外側から「定数」および「変数」にアクセスすることはできません。

＊

ここでは、「変数」をインクリメントするコードを例にして、「定数」および「変数」の「スコープ」について解説します。

以下に定義する変数「total」は、「増分した数」を追跡します。
そして、「increment()関数」を呼び出すと、変数「total」の数を増分できます。

```
var total = 0

func increment() {
    total += 1
}

increment()      // total is now 1.
increment()      // total is now 2.
total   // 2
```

ここで、変数「total」はどのコードブロックにも含まれていません。
つまり、トップレベルの「グローバルな領域」で定義されたことを意味します。
このような変数のことを、「**グローバル変数**」と言います。

「increment()関数」は、その関数内でグローバル変数「total」を参照しています。
また、変数「total」は関数の外側でも参照されています。

つまり、この例は「グローバル変数totalがプログラムのどこからでも参照できる」ことを示しています。

＊

プログラムのどこからでも参照される可能性があるが故に、「グローバル変数」には危険が伴います。

「グローバル変数」は、「**危険な臭いがするコード**」(code smell)です。

6-9 ローカル変数

鉄道は全国にありますが、ある地域だけに敷かれた鉄道網を「ローカル線」と言ったりします。

「ローカル線」を利用するには、その地域に行かなければいけません。

同様に、プログラミングにおいて、参照できる範囲が限られた変数は「**ローカル変数**」と言います。

＊

以下のコードは、株価の値動きを追跡するプログラムです。

変数「currentPrice」は「現在の株価」を追跡します。

この変数は、トップレベルで定義された「グローバル変数」です。

そして、「update(amount:)関数」は、パラメータの「amount」を使って、「現在の株価」を更新します。

```
var currentPrice = 123.4

func update(amount: Double) {
    let previousPrice = currentPrice
    currentPrice += amount
    print("Updated from ¥(previousPrice) to
¥(currentPrice).")
}

update(amount: +1.5)   // Prints Updated from 123.4 to
124.9.
currentPrice    // 124.9
previousPrice   // error: Cannot find 'previousPrice' in
scope
```

「update(amount:)関数」のボディでは、新しい定数「previousPrice」を定義して、更新される前に「現在の株価」を保持しています。
そして、この定数「previousPrice」を使って「株価がどう変動したか」を出力します。

上のコードでは、「update(amount:)関数」を呼び出して、株価を「1.5ポイント」値上げしています。
このとき、「値上げ方向に株価が更新された」ことを強調するために「+」記号を明示しています。
実行すると、コンソールに株価の変動具合が出力されます。

*

定数「previousPrice」は、関数の内部で定義された「**ローカル変数**」です。

「ローカル変数」のスコープは、「それが定義されたコードブロック内」に限られます。
つまり、関数の外側から「以前の株価」を呼び出すことはできません。

グローバル領域で定数「previousPrice」を参照しようとすると、コンパイラはエラーを報告します。

*

「定数」および「変数」には、それを参照できる範囲のスコープがあります。
「グローバル変数」は、アクセス可能な範囲が予測できないので、予期しないタイミングで意図しない値になる危険があります。

そのため、「グローバル変数」が多いプログラムは、読み手に過度なストレスを与えます。

第7章 構造体

「模型」を作ったことはありますか？

自動車や飛行機などの模型は「現実の物体」をプラスティックでモデル化したものですが、「プログラミング」では、現実の物体や概念をデータでモデル化します。

「模型」は対象物を精巧に再現しますが、「データモデル」は対象物を「抽象化」して捉えます。

ここでの「抽象化」とは、「余計なことを無視して必要な情報のみで構成する」ことです。

7-1 「構造体」の基本

「Swift」でデータモデルを作る方法の一つに、「**構造体**」があります。

Int型やString型は、あらかじめ「標準ライブラリ」に定義された「構造体」です。
「独自の構造体」を定義するには、「structキーワード」を使います。

＊

次のコードは、「四角い図形」をモデル化する「Rectangle型」の「構造体」を定義します。

```
struct Rectangle {
}
```

モデル化したデータをプログラムで扱うには、そのデータ型の「**インスタンス**」の作成が必要です。

「インスタンス」を作るには、型名に「丸括弧」(())をつけた特別な関数を使います。

また、「作成したインスタンス」に名前を付けておけば、後から参照できます。

```
Rectangle()

let largeRectangle = Rectangle()
let smallRectangle = Rectangle()
```

上のコードで呼び出した、インスタンスを作るために呼び出す関数が「**イニシャライザ**」です。

「丸括弧」(())の中にパラメータがない「イニシャライザ」は、特に「**標準イニシャライザ**」と言います。
どんなデータ型であっても、「イニシャライザ」は「型名の直後に丸括弧(())」をつけた形式で呼び出せます。

ここでは、「largeRectangle」という名前の「Rectangle型インスタンス」と、「smallRectangle」という名前の「Rectangle型インスタンス」を作りました。

これらの定数名には「、大きい」とか「小さい」という意味があるものの、各インスタンスは実際に「サイズに関するデータ的な特徴」をもっていない点に注意してください。

＊

型の識別子「Rectangle」を、「アッパー・キャメルケース」で表記している点に注目してください。
「変数」および「定数」「関数」は「ローワー・キャメルケース」で表記されるので、プログラマーは直感的にこれらを区別できます。

7-2　プロパティ

「構造体」に「**プロパティ**」を定義することで、データに特徴をもたせることができます。

実際のところ、「プロパティ」は「データ型の中に定義された変数および定数」です。

＊

以下のコードでは、四角形のデータに「大きさの特徴」をもたせるために、「Rectangle型」に「高さ」を示す「heightプロパティ」と「横幅」を示す「widthプロパティ」を定義します。

どちらのプロパティも既定値は「0」です。

```
struct Rectangle {
    var height = 0
    var width = 0
}

var rectangle = Rectangle()
rectangle.height    // 0
rectangle.width     // 0

rectangle.height = 20   // Updated from 0 to 20.
rectangle.width = 30    // Updated from 0 to 30.
```

これらのプロパティを利用して、インスタンスごとに「四角形の大きさ」を設定できます。

インスタンスのプロパティを参照する際には、「ドット記号」(.)を介してアクセスします。

作ったインスタンスの「heightプロパティ」と「widthプロパティ」を参照すると、既定値の「0」を取得できます。

＊

また、参照したインスタンスの変数プロパティを更新することもできます。

上のコードでは、四角形の大きさについて「高さを20、横幅を30」に更新しています。

なお、「プロパティ」に「ドット記号」(.)を介してアクセスする記法を「ドットシンタックス」と言います。

型に「プロパティ」を定義することによって、インスタンスごとに「データの特徴」をもたせることができましたが、このような「インスタンスに備わる特徴」の「プロパティ」を特に、「インスタンスプロパティ」と言います。

7-3 「構造体」の定数インスタンスとそのプロパティ

「構造体」のプロパティは、「型に定義された変数および定数」です。

プロパティは「データの特徴」と捉えることもできますが、「インスタンスの状態(ステート)」という場合もあります。

いずれにせよ、そのような「何かしらの値を保持するプロパティ」を、特に「**格納プロパティ**」(Stored Property)と言います。

ただし、定数のプロパティは最初に設定された値を、その後で更新できません。

＊

以降の例では、株価を追跡するためのプログラムを考えます。

株式市場において、株価は、日々刻々と変化するデータです。

次のコードは、「株価」をモデル化する「構造体」としてStock型を定義します。

```
struct Stock {
    let companyName: String
    var currentPrice: Double
}
```

このStock型には、二つのプロパティが定義されています。

- 「銘柄の会社名」を示すString型の定数、「companyNameプロパティ」
- 「現在の株価」を示すDouble型の変数、「currentPriceプロパティ」

Stock型のプロパティは、いずれも「既定値が未設定」であることに注目してください。

「構造体」に「既定値がないプロパティ」が一つでもある場合、自動的に「**メンバー**

ワイズ・イニシャライザ」が提供されます。

「メンバーワイズ・イニシャライザ」のパラメータリストには、その型のプロパティが定義順に列挙されます。

＊

次のコードは、「メンバーワイズ・イニシャライザ」を呼び出して、「Stcok型のインスタンス」を作ります。

```
var appleStock = Stock(companyName: "Apple", currentPrice:
138.88)
```

作成した「Apple社の株式」を示すインスタンスを、「変数」にしている点にも注目してください。

インスタンスを作るにあたって、「型に定義されたすべてのプロパティ」に既定値を設定することを「**初期化**」と言います。

「メンバーワイズ・イニシャライザ」では、「既定値が未設定のプロパティ」をすべて列挙するので、正しく「初期化を完了」できます。

なお、「メンバーワイズ・イニシャライザ」が提供される場合、「標準イニシャライザ」は呼び出せません。

「標準イニシャライザ」では「すべてのプロパティに既定値が設定されるとは限らない」ので、「インスタンス」の初期化が正しく完了しない恐れがあるからです。

＊

さて、この「Apple社の株式」を示す「変数インスタンス」を操作してみましょう。

以下のコードは、「現在の株価」と「銘柄の会社名」を更新しようとします。

```
appleStock.currentPrice = 139.99
appleStock.companyName = "Apple Computer"    // error:
Cannot assign to property: 'companyName' is a 'let'
constant
```

実行すると、「現在の株価」は更新できますが、「銘柄の会社名」は変更できません。

Stock型の「companyNameプロパティ」は、定数として宣言されたからです。

株価を変更できても、会社名は後から変更できないようにすることは妥当でしょう。

[command] + [/] キーを押して、エラーのコードをコメントアウトできます。

今度は、定数として別の「Stock型インスタンス」を作ってみましょう。

定数に保持された「構造体インスタンス」は、そのプロパティが変数であっても値を変更できないことを確認します。

次のコードは、「Microsoft社の株式」を示す「定数インスタンス」を作成します。

そして、「現在の株価」を215.25ポイントに変更しようとします。

```
let microsoftStock = Stock(companyName: "Microsoft",
currentPrice: 214.25)
microsoftStock.currentPrice = 215.25    // error: Cannot
assign to property: 'microsoftStock' is a 'let' constant
```

これは不正なコードなので、コンパイラはエラーを報告します。

*

データの改変を禁止する場合以外、「構造体」のインスタンスは「変数」にしましょう。

その上で、「定数プロパティ」と「変数プロパティ」を使い分けることで、道理に適ったプログラムを構築します。

7-4 メソッド

型に定義された関数は「**メソッド**」と呼ばれます。

「メソッド」は「データオブジェクトに備わる機能」の役割を果たします。

ここでは、株式について「現在の株価を表示」する機能を例にして、「メソッド」を実装する方法を解説します。

以下に定義するStock型は、株式データをモデル化した「構造体」です。

＊

二つのプロパティは「銘柄の会社名」と「現在の株価」を示します。

そして、「現在の株価を表示する」ための「description() メソッド」を実装しています。

```
struct Stock {
    let companyName: String
    var currentPrice: Double

    func description() {
        print("¥(self.companyName) is ¥(self.currentPrice)
points.")
    }
}

var appleStock = Stock(companyName: "Apple", currentPrice:
123.45)
appleStock.description()    // Prints Apple is 123.45
points.
```

上のコードが示す通り、「メソッド」は通常の関数とまったく同じ構文で定義できます。

これは、「メソッド」もパラメータを宣言して値を受け取ったり、値を返せることを意味します。

さらに、「selfキーワード」を使って「自身のインスタンス」を参照している点にも注目してください。

なお、「メソッド」の実装において「selfキーワード」は省略できます。

他のパラメータ名と重複しない限り、積極的に「selfキーワード」は省略することが推奨されています。

上のコードでは、作ったインスタンスから「description()メソッド」を呼び出しています。

実行すると、「Apple社の株価は123.45ポイント」であると出力されます。

＊

インスタンスから呼び出す「メソッド」を特に、「**インスタンス・メソッド**」と言います。

7-5 自己可変メソッド

「Swift」のメソッドには、「インスタンス自身を操作するもの」と「そうでないもの」があります。

これらの違いは重要です。

ここでは、株価の値動きを追跡するプログラムを例にして、「インスタンス自身を操作するメソッド」の実装方法を解説します。

＊

以下に定義するStock型において、変数の「previousPriceプロパティ」は「更新される前の株価」を示します。

そして、「update(amount:)メソッド」は「株価を更新するための機能」を果たします。

「update(amount:)メソッド」は、「更新前の株価」に「現在の株価」を設定した後、「currentPriceプロパティ」の値を「受け取ったパラメータ」のぶんだけ増分します。

```
struct Stock {
    var previousPrice = 0.0
    var currentPrice: Double

    func update(amount: Double) {   // error
        previousPrice = currentPrice
        currentPrice += amount
    }
}
```

このような実装に対して、コンパイラはエラーを報告します。

これは、通常、「構造体」のメソッドが自身のインスタンスを変更することは禁止されているからです。

プロパティが「変数」だろうと「定数」だろうと、通常のメソッドは「自身のインスタンスの状態」を変更できません。

＊

このエラーを解消するには、メソッドの先頭に「mutatingキーワード」をマークします。

すると、メソッドが「自己可変」(ミュータブル)になり、インスタンス自身の状態を変更できます。

```
struct Stock {
    var previousPrice = 0.0
    var currentPrice: Double

    mutating func update(amount: Double) {  // Place
mutating keyword
        previousPrice = currentPrice
        currentPrice += amount
    }
}

var someStock = Stock(currentPrice: 76.59)
someStock.update(amount: 2.34)
```

この仕組みによって、意図せずに「インスタンスの状態」を変更してしまうことを回避できます。

ただし、「ミュータブル」なメソッドは「定数インスタンスから呼び出せない」ようになっています。

＊

そのプロパティを変更できない「定数インスタンス」に対して、「ミュータブル」なメソッドを呼び出すことはナンセンスです。

```
let anotherStock = Stock(currentPrice: 86.56)
anotherStock.update(amount: 1.23)  // error; Cannot use
mutating member on immutable value
```

したがって、上のようなコードに対しては、コンパイル時にエラーが報告されます。

7-6 「標準イニシャライザ」と「メンバーワイズ・イニシャライザ」

「構造体」のインスタンスを作るイニシャライザは、「すべてのプロパティに値を設定して、インスタンスを作る」ための、特別なメソッドです。

つまり、「型のインスタンス」を作るには、そのすべてのプロパティに値を設定しておく必要があります。

インスタンスを作るために行なわれる、それらの手続き全般を、「**初期化**」と言います。

*

「標準イニシャライザ」は、型名の後に「丸括弧」(()) があるだけのシンプルなメソッドです。

「標準イニシャライザ」は、「すべてのプロパティに既定値が設定されている構造体」に、自動的に提供されます。

以下に定義する「構造体」のSomeType型は、すべてのプロパティに既定値が設定済みなので、「標準イニシャライザ」が自動的に提供されます。

```
struct SomeType {
    var number = 123
    var alphabet = "ABC"
}

SomeType()
```

「構造体」に「既定値が設定されていないプロパティ」が一つでもあると、「標準イニシャライザ」は提供されなくなり、その代わりに「メンバーワイズ・イニシャライザ」が提供されます。

下のコードが示す通り、「メンバーワイズ・イニシャライザ」は呼び出し時にすべてのプロパティに値を設定できます。

```
struct AnotherType {
    var number: Int
    var alphabet = "ABC"
}

AnotherType(number: 123, alphabet: "XYZ")
```

```
AnotherType(number: 123)
AnotherType(alphabet: "XYZ")
```

また、上のコードが示す通り、型の定義で既定値が設定されているプロパティに関しては、イニシャライザの呼び出し時に値の指定を省略することもできます。

7-7 「独自の初期化手続き」を実装する

自動的に提供されるイニシャライザの他に、プログラマーが「独自の初期化手続き」を実装することもできます。

「独自の初期化手続き」を行なうイニシャライザによって、より便利にインスタンスを作成できる場合があります。

ここでは、独自の初期化手続きを行なうために「カスタムのイニシャライザ」を実装する方法を解説します。

＊

イニシャライザは通常のメソッドと同じように実装できますが、「funcキーワード」の代わりに「initキーワード」を使います。

また、イニシャライザには個別の識別子がなく、パラメータリストは「initキーワード」の直後に宣言します。

＊

以下に定義する「構造体」のCircle型は、「円の図形」をモデル化します。

二つの定数プロパティは「円の半径」と「直径」を示していますが、いずれも既定値が設定されていないので、「メンバーワイズ・イニシャライザ」が自動的に提供されます。

しかしながら、「円のインスタンス」を作るために「半径」と「直径」を同時に指定することは、ナンセンスです。

どちらか一方だけを指定すれば、もう片方は計算できるからです。

そのため、下のコードでは、「指定された半径rに基づいて残りのプロパティを初期化する」イニシャライザを実装しています。

```
struct Circle {
    let radius: Double
    let diameter: Double

    init(r: Double) {
        self.radius = r
        self.diameter = r * 2
    }
}

let smallCircle = Circle(r: 2)
```

上のコードで実装した独自のイニシャライザでは、selfを使って自身のインスタンスを参照している点に注目してください。

そうすることで、インスタンスのプロパティに値を設定して、初期化を行なっています。

なお、メソッドと同様にイニシャライザでも、このselfは省略できます。

*

「構造体」に「独自のイニシャライザ」が定義されると、「標準イニシャライザ」と「メンバーワイズ・イニシャライザ」は提供されなくなります。

ただし、必要に応じて、プログラマーが明示的に「標準イニシャライザ」や「メンバーワイズ・イニシャライザ」を実装することもできます。

プログラマーが「構造体」に「独自の初期化手続き」を実装した場合に、「標準イニシャライザ」と「メンバーワイズ・イニシャライザ」が提供されなくなるのは、自動的に提供されるイニシャライザは、あくまでも、便宜的なものにすぎず、独自のイニシャライザによる「意図された初期化手続き」がある場合は、そちらを使うべきだからです。

7-8 「値型データ」としての「構造体」

「Swift」は、「構造体」が重要視されたプログラミング言語です。
プログラムの中で、「構造体」は「**値型データ**」として振る舞います。

以降、クルマの車体カラーを設定するプログラムを例に挙げて、「値型データ」の特性を解説します。

＊

以下に定義するCar型は、自動車をモデル化した構造体です。
「colorプロパティ」は「車体の色」を示す変数で、既定値は「白」です。

```
struct Car {
    var color = "White"
}

var whiteSedan = Car()
```

変数「whiteSedan」は、「標準イニシャライザ」を使って作成されたインスタンスを参照します。
つまり、この変数「whiteSedan」は、「最初に作成したCar型インスタンス」です。
このクルマの車体カラーは、「白」です。

＊

次のコードは、自分のクルマが「白いセダン」になったことを示します。

```
var myCar = whiteSedan
```

このコードを実行したとき、内部的に「インスタンスの複製(コピー)」が行なわれます。
つまり、変数「myCar」が参照するのは「最初に作成したCar型インスタンス」ではありません。

変数「whiteSedan」は、「最初に作成したCar型インスタンス」を参照しますが、変数「myCar」が参照するインスタンスは、それとは別の「複製されたインスタンス」です。

インスタンスがコピーされたことを理解するために、以下のコードを実行して「自分のクルマ」を赤く塗り替えます。

```
myCar.color = "Red"
whiteSedan.color    // White.
```

上のコードでは、**1行目**で変数「myCar」の「colorプロパティ」を「赤」に変更しています。

一方、変数「whiteSedan」の「colorプロパティ」は「白」のままです。

これは、変数「myCar」に対して行なったプロパティの更新が、コピー元には影響しないことを示しています。

*

「代入演算子」(=)によって「値のコピー」が行なわれるオブジェクトは、「値型データ」に分類され、「構造体」のインスタンスは、常に「値型データ」として振る舞います。

Int型、String型、Bool型などの「Swiftの基本型」は、「構造体」として定義されています。

対照的に、代入演算子によって値の複製が行なわれないオブジェクトは、「**参照型データ**」に分類されます。

第8章

「プロパティ」と「メソッド」

構造体には、特殊な「プロパティ」や「メソッド」を定義できます。
これらの仕組みを利用すると、さまざまなデータをより柔軟かつ強力にモデル化できます。

8-1 計算プロパティ

通常、変数や定数の「プロパティ」はインスタンスの状態を「固定的な値」として保持します。

そのような「プロパティ」を特に「**格納プロパティ**」と言いますが、これとは別に「**計算プロパティ**」も定義できます。
「計算プロパティ」は、固定的な値を設定しない代わりに、「ゲッター」と「セッター」を提供します。

＊

「計算プロパティ」は、常に変数として定義します。
「計算プロパティ」のゲッターは「状況に応じて算出した値」を返しますが、セッターは他の「プロパティ」に値を設定できます。

「ゲッター節」を実装するには「getキーワード」を使います。
そして、「セッター節」は「setキーワード」を使って実装します。

以降の例では、「計算プロパティ」を解説するために、正方形をモデル化した構造体の「EquilateralRectangle型」を定義します。

＊

最初に、「計算プロパティ」にゲッターを実装する方法について解説します。

下のコードにおいて、「EquilateralRectangle型」の「sideLengthプロパティ」は正方形の「一辺の長さ」を示します。

一方、「perimeterプロパティ」は正方形の「外周の長さ」を示しますが、正方形の外周の長さは「一辺の長さを4倍する」ことで算出できます。

そのため、以下のコードでは「perimeterプロパティ」を「計算プロパティ」として実装しています。

```
struct EquilateralRectangle {
    var sideLength: Double

    var perimeter: Double {
        get {
            return sideLength * 4.0
        }
    }
}
```

「ゲッター節」では「returnステートメント」を使って、「そのプロパティと同じ型の値」を返します。

上の例では、正方形の外周を算出するために、一辺の長さを4倍しています。

*

次に、同じ「perimeterプロパティ」にセッターを実装します。

「セッター節」のコードは、その「計算プロパティ」に「新しい値」を設定したときに実行されます。

```
struct EquilateralRectangle {
    var sideLength: Double

    var perimeter: Double {
        get {
            return 4.0 * sideLength
        }
        set {
            sideLength = newValue / 4.0
        }
    }
}
```

「perimeterプロパティ」の「セッター節」では、「newValue」という識別子で「新たに設定された値」を参照できます。

ここでは、「newValue」は「新たに設定された外周の長さ」を意味します。

したがって、「sideLengthプロパティ」を「newValueを4で割った値」で更新しています。

*

以下のコードは、「perimeter計算プロパティ」のゲッターとセッターが正しく動作することを示しています。

```
var rectangle = EquilateralRectangle(sideLength: 1.2)
rectangle.perimeter       // 4.8

rectangle.perimeter = 6
rectangle.sideLength      // 1.5
```

正方形のインスタンスを作って「perimeterプロパティ」にアクセスすると、ゲッターが実行されて4.8を取得できます。

その後、「perimeterプロパティ」を6に更新すると、「perimeterプロパティ」のセッターが実行されて、「sideLengthプロパティ」の値が自動的に更新されます。

*

「計算プロパティ」の実装においてセッターが参照する識別子は、「独自の名前」にカスタムすることもできます。

なお、「定数プロパティ」には「計算プロパティのゲッターおよびセッター」を実装できません。

8-2 読み取り専用の「計算プロパティ」

「計算プロパティ」を定義するには「ゲッター節」の実装が必須です。
一方で、「セッター節」の実装は任意です。

セッターのない「計算プロパティ」には値を設定できないので、アクセスが読み取り専用になることを意味します。

以降、四角い図形をモデル化した「Rectangle型」を例にして、読み取り専用の「計算プロパティ」を実装する方法について解説します。

*

下に定義するRectangle型において、「heightプロパティ」は「四角の高さ」を示し、「widthプロパティ」は「四角の横幅」を示します。
同じ型のプロパティは「カンマ記号」(,)で区切って、同じ行にまとめて宣言できます。

さらに「面積」を扱いたい場合は、変数「area」を「計算プロパティ」として実装できます。
四角形の面積なので、このゲッターは「高さと横幅を掛け算した値」を返します。

```
struct Rectangle {
    var height, width: Double

    var area: Double {
        get {
            return height * width
        }
    }
}
```

四角形の場合、その面積が決まっていても「横幅と高さがいくつになるか」は曖昧です。
したがって、「area計算プロパティ」のセッターが「面積に基づいて、高さと横幅に値を設定する」ことはナンセンスです。
そのような場合には、セッターの実装を省略できます。

また、「計算プロパティ」にセッターがない場合、「getキーワード」とそのコードブロックの「波括弧」({})を省略できます。

```
struct Rectangle {
    var height, width: Double

    var area: Double {
        return height * width
    }
}
```

ちなみに、「ゲッター節」の実装が1行だけなら、「returnキーワード」も省略できます。

これは「関数やメソッドにおけるreturnの省略」と同じ要領です。

8-3 型プロパティ

通常の「プロパティ」は、インスタンスごとに別個の状態を保持します。

つまり、特定のデータ型からインスタンスがいくつか作成された場合、それぞれの「プロパティ」は独立していることを意味します。

このような、「インスタンスごとに備わるプロパティ」を、「**インスタンスプロパティ**」と言います。

対照的に、インスタンスではなく「型自体に備わるプロパティ」を、「**型プロパティ**」と言います。

ある型のインスタンスがいくつ作成されても、「型プロパティ」の値は「すべてのインスタンスで共通する一つ」だけです。

なお、他のプログラミング言語では、「型プロパティ」のことを「**静的プロパティ**」と言う場合もあります。

「型プロパティ」は、「標準ライブラリ」のデータ型にも定義されています。

Double型の「piプロパティ」を参照すると、円周率を取得できます。

```
Double.pi   // 3.141592653589793
```

以降の例では、構造体のSome型に「型プロパティ」を定義する方法を解説します。

＊

インスタンスプロパティと同じく、「型プロパティ」にも変数と定数があります。

「型プロパティ」を定義するには、通常の「プロパティ」に「staticキーワード」をマークします。

```
struct Some {
    static let constantTypeProperty = "ABC"
    static var variableTypeProperty = 123
}
```

「インスタンスプロパティ」とは異なり、「型プロパティ」を定義するには既定値が必要です。

なぜなら、型自体に「型プロパティを初期化する手続き」がないからです。

＊

「型プロパティ」には、型に直接ドットシンタックスを介してアクセスします。インスタンスの作成は不要です。

「型プロパティ」が変数なら、「代入演算子」(=)を使って値を更新できます。

```
Some.constantTypeProperty  // "ABC"
Some.variableTypeProperty = 456
```

さらに、インスタンスの「計算プロパティ」と同じように、「型プロパティ」も計算値を返すことができます。

「型の計算プロパティ」も変数である必要があります。

```
struct Some {
    static let constantTypeProperty = "ABC"
    static var variableTypeProperty = 123

    static var computedTypeProperty: Int {
        return 10 * self.variableTypeProperty
    }
}
```

＊

「型プロパティ」の実装において、「selfキーワード」は「自身の型」を参照します。

「自身のインスタンス」ではありません。

8-4 型メソッド

通常のメソッドは、インスタンスから呼び出す「**インスタンスメソッド**」です。

これに対して、型自体から呼び出すメソッドを「**型メソッド**」と言います。

「Swift」以外のプログラミング言語では、「**静的メソッド**」として知られていることもあります。

「インスタンスメソッド」と同じように、「型メソッド」もドットシンタックスで呼び出せます。

また、「型メソッド」は、標準ライブラリのデータ型にも定義されており、Int型の「型メソッド」である「random(in:) メソッド」は、実行するたびに「指定した範囲内の「乱数」を返します。

```
Int.random(in: 1...3)
```

以降の例では、構造体のSome型に「型メソッド」を定義する方法を解説します。

*

「型メソッド」を定義するには、メソッド宣言の行頭に「staticキーワード」をマークします。

```
struct Some {
    static func typeMethod() {
        print("Type method is executed!")
    }
}
```

「インスタンスメソッド」と同様に、「型メソッド」もパラメータを受け取ったり、値を返すことができます。

```
struct Some {
    static func typeMethod(_ number: Int) {
        print("Type method is executed!")
        print("Type method received ¥(number).")
    }
}
```

Some型に定義した「型メソッド」の実装において、「number」は「受け取ったパラメータ」を参照します。

＊

「型メソッド」の実装から見渡せるスコープは、母体となった型の定義全体です。

また、「型メソッド」の実装において「selfキーワード」はインスタンスではなく、その型自体を参照します。

```
struct Some {
    static let number = 123    // Add new type property

    static func typeMethod(_ number: Int) {
        print("Type method is executed!")
        print("Type method received ¥(number).")
    }
}
```

上のコードでは、Some型に定数の型プロパティ「number」を追加しています。

ここで、「型プロパティの名前」と「型メソッドのパラメータ名」が重複していることに注目してください(どちらも「number」)。

相変わらず、「型メソッド」の実装における「number」は「受け取ったパラメータ」を参照します。

つまり、重複する識別子を「型メソッド」の実装で参照すると、より近いスコープが優先されるということです。

＊

「Some型の型メソッド」において、「型プロパティ」の「number」を参照したい場合は、「selfキーワード」を使います。

```
struct Some {
    static let number = 123

    static func typeMethod(_ number: Int) {
        print("Type method is executed!")
        print("Type method received ¥(number).")
        print("The value of the type property is ¥(self.
number).")
    }
}
```

本来、この「selfキーワード」は省略可能です。

ただし、この例における「self」を省略すると、「number」は「型メソッドのパラメータ名」への参照が優先されてしまいます。

＊

「型メソッド」の実装では、「self」を使って「型プロパティ名」と「パラメータ名」を明確に区別できます。

また、「型メソッド」の実装では、「インスタンスプロパティ」を参照したり、「インスタンスメソッド」を呼び出すことはできません。

「型メソッド」が呼び出される時点で、常にインスタンスが初期化されているとは限らないからです。

第9章

「真偽値」と「If条件分岐構文」

「空腹と満腹」「雨と晴れ」「有罪と無罪」などのように、ある事象に関して「相反する二つの状態」だけで表現することは、とても画期的な発明でした。

さらに、そのいずれかの状態に基づいてコードを実行する仕組みは、プログラムが複雑なロジックを構築できるようにします。

9-1 真偽値

「文字列」「整数」「小数点数」の他に「Swift」の基本的なデータとして「**真偽値**」があります。

他のプログラミング言語では「**論理値**」と呼ばれることもあります。

「Swift」の「真偽値」は、Bool型として定義されています。

「Swift」の「真偽値リテラル」は、「true」と「false」の二つだけです。

```
true
false
```

*

実際のプログラムにおいて、Bool値は頻繁に使用されます。

たとえば、次のコードは「整数の8が指定した数で割り切れるかどうか」を調べます。

「isMultiple(of:)メソッド」は、その整数が「指定した値の倍数であるかどうか」を評価して、Bool値を返します。

```
let eight = 8
eight.isMultiple(of: 2) // true
eight.isMultiple(of: 3) // false
```

「8が2の倍数かどうか」を評価すると、結果は「true」です。
同様に、「8が3の倍数かどうか」を評価すると、結果は「false」です。

*

プログラミング言語によっては「真偽値」を「0」と「1」で代用できる場合がありますが、「Swift」の「真偽値」は意図しない演算を防ぐために明確に「true」と「false」だけで表現します。

9-2 比較演算子

「真偽値」は二つのデータを比較する際に役立ちます。

データの比較とは、「二つのデータが互いに等しいか」や「どちらのデータが大きいか」などを評価することです。

プログラミングでは、いくつかの「**比較演算子**」を利用することで、これを実行できます。
「比較演算子」は、「**関係演算子**」としても知られています。

*

「二つのデータが互いに等しいかどうか」を評価するには、「等価演算子」(==)を利用します。
「等価演算子」(==)は二つのデータが互いに等しい場合に限り、「true」を返します。

*

反対に、「データ同士が等しくないかどうか」を評価するには、「不等価演算子」(!=)を利用します。

```
123 == 123          // true
"HELLO" == "hello"  // false

123 != 123          // false
"HELLO" != "hello"  // true
```

上のコードにおいて、「等価演算子」(=)と「不等価演算子」(!=)の結果は互いに反転している点に注目してください。

「どちらのデータが大きいか」を評価するには、「不等号演算子」(>)および(<)を利用します。

どちらを使っても、同じ大きさのデータ同士を比較した結果は「false」です。

```
10 > 1      // true
1 > 10      // false

10 < 1      // false
1 < 10      // true

10 > 10     // false
10 < 10     // false
```

＊

イコール記号と不等号を組み合わせると、大小関係を判断する境界について「以上/以下かどうか」を評価できます。

下のコードでは、ある閾値(しきい)を示す変数「threshold」を評価します。

```
var threshold = 100

99  <= threshold   // true
100 <= threshold   // true
100 >= threshold   // true
```

上のコードにおける評価式は、すべて「true」を返します。

＊

注意すべき点として、「Swift」の「比較演算子」は「互いのデータ型が異なる値の比較」には利用できません。

たとえば、次のコードは「整数データと文字列データ」を比較しようとしているので、コンパイラはエラーを報告します。

```
123 == "123"    // error; binary operator '==' cannot be
applied to operands of type 'Int' and 'String'
```

＊

「比較演算子」は、その左辺と右辺に一つずつデータを指定して評価します。

そのような「二つのデータ」に対して利用される演算子を、特に「**二項演算子**」と言います。

9-3 If条件分岐構文

「真偽値」は、「条件分岐コード」を構築する際に、その真価を発揮します。

「条件分岐」とは、「ある条件を満たすかどうか」を評価した結果に基づいて、実行すべきコードを制御する仕組みです。

以降、「FizzBuzz問題」のアルゴリズムを例にして、「条件分岐コード」を解説します。

＊

アルゴリズムとは、「特定の問題を解決するための手順や方法」です。

そして、「FizzBuzz」は「順番に数を数えていくゲーム」ですが、以下のルールに従います。

・数える数が3の倍数なら「Fizz」と言う
・5の倍数なら「Buzz」と言う
・3と5の公倍数なら「FizzBuzz」と言う
・上記のいずれでもなければ、そのまま数える

「FizzBuzz問題」は、コンピュータアルゴリズムを学ぶ際の題材としても有名です。

ここでは、「条件分岐プログラミング」を学ぶために、任意の数が3の倍数なら「"Fizz"」と出力することにフォーカスします。

任意の数が3の倍数であるかどうかは、その数が「3で割り切れるかどうか(つまり、余りが0になるか)」を評価して判断できます。

割り算の余りは「剰余演算子」(%)で取得できます。

```
let number = 12
number % 3 == 0      // ture
```

上のコードでは、「任意の数numberが3で割り切れるかどうか」を評価しています。

実行した結果は「true」なので、「3の倍数である」と評価されたことを意味します。

＊

上記の評価式の値に基づいて、実行コードを制御する「条件分岐ロジック」を構築しましょう。

ある条件を満たす場合にのみ実行したいコードを記述するには、以下のような「**if条件分岐コード**」が利用可能です。

「if条件分岐コード」を記述するには、「ifキーワード」を使います。

下の「ifステートメント」を実行すると、コンソールに「"Fizz"」と出力されます。

```
if number % 3 == 0 {
    print("Fizz")
}
// Prints Fizz
```

「ifキーワード」に続けて、「真偽値を返す式」を指定。

直後のコードブロックには、「条件を満たす場合に限り実行したいコード」を記述します。

ここでは、評価式が「true」だった場合に、「"Fizz"」と出力しています。

9-4 「Ifステートメント」のElse節

「ifステートメント」には、条件を満たす場合に限り、実行したいコードを記述できます。

「ifステートメント」に「else節」を追加すると、条件を満たさなかった場合に実行したいコードを記述できます。

*

下記の「ifステートメント」は、「定数numberが3の倍数」である場合に限り、コンソールに「"Fizz"」を出力する「条件分岐プログラム」です。

10は3の倍数ではないので、この「ifステートメント」を実行してもコンソールには何も出力されません。

```
let number = 10

if number.isMultiple(of: 3) {
    print("Fizz")
}
// Prints nothing.
```

数が3の倍数ではない(つまり「isMultiple(of:)メソッド」が「false」を返す)場合は、整数をそのまま出力することにします。

条件を満たさなかった場合のコードを記述するには、「ifステートメント」に「else節」を追加します。

```
if number.isMultiple(of: 3) {
    print("Fizz")
} else {
    print(number)
}
// Prints 10
```

再度、この「ifステートメント」を実行すると、こんどはコンソールに10が出力されます。

*

「else節」は、「ifステートメント」のいちばん最後に配置します。

9-5 「Ifステートメント」の「Else-If節」

「ifステートメント」には、「条件を満たすか、満たさないか」以外にも、「別の条件」を追加可能です。

追加したい「別の条件」は「ifステートメント」の「**else-if節**」に記述します。

＊

次の「ifステートメント」は、「ある整数が3の倍数ならFizzを出力し、そうでなければ整数を出力する」条件分岐プログラムです。

```
let number = 10

if number.isMultiple(of: 3) {
    print("Fizz")
} else {
    print(number)
}
// Prints 10
```

さらに、「ある整数が5の倍数だったらBuzzを出力する」ために、この「ifステートメント」に「else-if節」を追加します。

つまり、「3の倍数ではなく、5の倍数だったら"Buzz"を出力する」ようにするわけです。

＊

以下のコードは、先ほどの「ifステートメント」に「else-if節」を追加したバージョンです。

10は5の倍数なので、この「ifステートメント」を実行すると、「"Buzz"」が出力されます。

```
if number.isMultiple(of: 3) {
    print("Fizz")
} else if number.isMultiple(of: 5) {
    print("Buzz")
} else {
    print(number)
}
// Prints Buzz
```

ここで、「else節」が「ifステートメント」のいちばん下にあることに注目してください。

いずれの条件にも合致しなかった場合に実行される「else節」は、常に「ifステートメント」の最後に配置します。

*

「else-if節」は、「ifステートメント」にいくつでも追加可能です。

「ifステートメント」にいくつかの条件があった場合、上から順に条件が評価されます。

そして、いずれかの条件が一つでも満たされると、それ以降の条件は評価されず、実行フローは即座に「ifステートメント」から脱出します。

9-6 論理積算子

いくつかの「真偽値」同士を評価することを、「**論理演算**」と言います。

「論理演算」の「**論理積**」(AND)は、二つの条件が両方とも「true」である場合に限り、式全体が「true」を返す演算です。

これは、両条件の一つでも「false」だった場合、論理積の式全体が「false」を返すことを意味します。

＊

「FizzBuzz問題」において、「FizzBuzz」が出力される条件は「ある整数が3と5の公倍数である」場合です。

これはつまり、以下に挙げる二つの条件を同時に満たすことを意味します。

・ある整数は3の倍数である
・ある整数は5の倍数である

これらの二つの条件が満たされる場合に「true」を返す論理積式は、「論理積演算子」(&&)を使って以下のように記述できます。

```
let number = 15
number.isMultiple(of: 3) && number.isMultiple(of: 5)    //
true
```

15は3と5の公倍数です。

つまり、「3の倍数かつ5の倍数」なので、この論理積式は「true」を返します。

＊

「ifステートメント」と「論理積演算子」を使って、完全な「FizzBuzz問題」のアルゴリズムを構築できます。

下の「ifステートメント」では、「整数が3と5の公倍数であるかどうか」を評価する論理式が最初の条件文になっている点に注目してください。

```
if number.isMultiple(of: 3) && number.isMultiple(of: 5) {
    print("FizzBuzz")
} else if number.isMultiple(of: 3) {
    print("Buzz")
} else if number.isMultiple(of: 5) {
    print("Fizz")
} else {
```

```
    print(number)
}
```

「ifステートメント」の条件文は、上から順に評価されます。

そのため、「3の倍数であるか」や「5の倍数であるか」を先に評価してしまうと、「FizzBuzz問題」のアルゴリズムは正しく動作しません。

そういったアルゴリズムでは、15を「3と5の公倍数である」と評価せずに、「3の倍数である」あるいは「5の倍数である」と評価してしまいます。

9-7 論理和演算子

「**論理和**」(OR)は「二つの条件のどちらか一方でもtrueであれば、式全体がtrueになる」演算です。

つまり、式全体が「false」になるのは、条件が両方と「false」の場合だけです。

「論理和演算子」(||)を利用すると、少なくともどちらか一方の条件が満たされた場合に「true」を返す論理式を記述できます。

```
true || true    // true
true || false   // true
false || true   // ture
false || false  // false
```

ここでは、iPhoneのロックを解除するための条件分岐を例にして、「論理和演算子」(||)について解説します。

＊

iPhoneのロックを解除するためには、正しいパスコードを入力する必要があります。

ただし、機種によっては「FeceID」や「TouchID」などの、生体認証を使ってロックを解除することもできます。

つまり、iPhoneのロックを解除するためには、以下に挙げる二つの条件の少なくともどちらか一方を満たせばいいということです。

・正しいパスコードを入力する
・生体認証をパスする

それぞれを、定数「enterdPasscode」と「passedFaceID」として定義します。

下のコードでは、「パスコードを正しく入力できたが、FaceIDは認証できなかった」ことを意味します。

```
let enterdPasscode = true  // Enterd correct passcode.
let passedFaceID = false   // It cannot pass FaceID.

if enterdPasscode || passedFaceID {
    print("iPhone is unlocked!")
}
// Prints iPhone is unlocked!
```

この「ifステートメント」は、「正しいパスコードの入力」か「FaceIDによる認証」のどちらか一方でもできた場合に、iPhoneのロックを解除します。

ここでは、定数「enterdPasscode」が「true」なので、iPhoneのロックは解除されます。

9-8 論理否定演算子

「Swift」の論理演算には、論理積と論理和のほかに「**論理否定**」(NOT)があります。

「論理否定」は「Bool値」の真偽を反転させる演算です。

つまり、「true」の「論理否定」は「false」、「false」の「論理否定」は「true」になります。

*

「Swiftプログラミング」では「論理否定」を実行するために、感嘆符の「論理否定演算子」(!)を使います。

「論理否定演算子」(!)は「データの直前」に記述するので、「**前置き演算子**」として知られています。

```
!true   // false; This means not true
```

```
!false  // true; This means not false
```

上のコードについて、「論理否定演算子」(!)を英語の「not」に置き換えると、**1行目**のコードは「not true」、**2行目**のコードは「not false」と読むことができます。

*

「論理否定」「論理積」「論理和」を駆使すると、複雑な条件文を整然と表現できます。

論理演算の有名な法則に「ド・モルガンの法則」がありますが、これは論理積演算と論理和演算を相互に変換するものです。

たとえば、二つの真偽値「a」と「b」があるとき、「!a || !b」は「!(a && b)」に書き直すことができます。

つまり、「aかbの、どちらかではない場合」に「true」を返す、ということです。

```
let a = false
let b = true

!(a && b)   // true
!a || !b    // true
```

さらに、「!c && !d」は「!(c || d)」に書き直すことができます。

この場合は「cとdの、どちらでもない場合」に「true」を返します。

```
let c = false
let d = false

!(c || d)   // true
!c && !d    // true
```

どちらの変換も「NOTで括って、ANDとORを反転(逆視点ではNOTは分配)」することで、行なわれます。

*

複雑な条件式は、読み手のストレスになるだけでなく、意図しない動作を引き起こす原因になります。

「ド・モルガンの法則」を覚えておくと、理路整然とした論理式を記述できます。

9-9　三項演算子

読みやすくて簡潔なコードを記述することは、プログラミングの重要なスキルです。

たとえば、単純な条件分岐ロジックは「**三項条件演算子**」を使って、より簡潔に記述できます。

「三項条件演算子」はその名前が示す通り、「条件」と「真の値」および「偽の値」という3つの項で形成される演算子です。
「疑問符」(?)と「コロン記号」(:)を組み合わせて記述します。

＊

次の「ifステートメント」は「天気が良ければお出かけして、そうでないなら家で過ごす」ための条件分岐プログラムです。

```
let isFine = true

if isFine {
    print("Let's go out.")
} else {
    print("Stay home.")
}
// Let's go out.
```

この「ifステートメント」は、「三項条件演算子」を使って、以下のように記述できます。
「三項条件演算子」の「疑問符」(?)の前後に、空白スペースがある点に注目してください。

```
let isFine = true
print(isFine ? "Let's go out!" : "Stay home.")    // Let's
go out!
```

このコードは、元の「ifステートメント」と同じく、定数「isFine」が「true」なら「"Let's go out!"」、そうでないなら「"Stay home."」を出力します。

第10章

オプショナル

プログラミングは「データを操作すること」に他なりません。

そして、一般的にプログラムで「存在しないデータ」を操作することは、とても危険です。

「存在しないデータ」を操作しようとすると、プログラムはエラーを報告して、アプリケーションはクラッシュします。

10-1 オプショナル

「Swift」では、「データが存在しない」ことを「nil」というリテラルで表現します。

「nil」は、「数値のゼロ0」でもなければ、文字数がゼロの「空文字」("")でもありません。

ある意味では「無の値」と言える、エラーを引き起こすかもしれない危険な値です。

```
nil    // It's mean no data.
```

「Swift」では「nil」を「通常の値」として使用できません。

たとえば、通常の変数および定数に「nil」を設定することは不可能です。

*

以下のコードではInt型の変数「data」に「nil」を割り当てようとしていますが、コンパイラはエラーを報告します。

```
var data: Int = 123
data = nil       // error
```

それがどんなデータ型であっても、通常の変数には「nil」を設定できません。
しかしながら、実際のプログラムでは「どうしてもnilを扱わなくてはいけない状況」が起こりえます。

そのため、「Swift」はプログラマーが明示的に許可した場合に限り、変数に「nil」を設定することを許容します。

変数に「nil」を設定できることを明示するには、「型アノテーション」の直後に疑問符(?)を追記します。
このようにして、「nil」が許可されたデータ型を「**オプショナル**」と言います。

```
var data: Int? = 123
data = nil       // compile succeed now.
```

上のコードは、変数「data」がオプショナルなInt型であることを明示しています。

型名の直後につけられた「疑問符」(?)が、そこに割り当てられている値が「nilかもしれない」ことを意味します。
つまり、値が整数かもしれないし、値が存在しないかもしれない状態です。

*

オプショナルな定数および変数に既定値を設定しなかった場合は、自動的に「nil」が割り当てられます。

```
> var optionalData: String?
> optionalData    // nil
```

10-2 強制的なアンラップ

コンパイラは、オプショナルな型の値を「オプショナル値」として扱います。

オプショナル値は「nil」かもしれないので、通常の値と同じように扱うことはできません。

これは包装紙にラッピングされたプレゼントのようなもので、開けてみるまで中身が分からないということです。

*

以下に定義する変数「optionalData」は「オプショナルなInt?型」なので、「Swift」は「nil」の設定を許容します。

この変数「optionalData」をコンソールに出力すると、値がオプショナルでラップされていることが分かります。

```
var optionalData: Int? = 123
print(optionalData)    // Prints optional(123)
```

これは、中身が「nil」かもしれないので、オプショナル値を通常の整数として扱えないことを意味します。

たとえば、変数「optionalData」に整数を足し算しようとすると、コンパイラはエラーを報告します。

```
optionalData + 1    // error; Value of optional type 'Int?'
must be unwrapped to a value of type 'Int'
```

このエラーを解消するには、変数「optionalData」からオプショナルのラッピングを剥がして、通常のInt値を取り出す必要があります。

そのためには、オプショナル値の末尾に「感嘆符」(!)をつけてやります。

アンラップされた変数「optionalData」は「通常のInt型整数」として扱えます。

```
print(optionalData!)      // Prints 123
optionalData! + 1         // 124
```

出力された内容をみると、変数「optionalData」に設定されていた「通常の整数データ」を取り出せたことが分かります。

このような、「オプショナル型から通常型の値を取り出す操作」全般を「**アンラップ**」と言います。

＊

オプショナル値に「感嘆符」(!)をつけて「そこに設定されている具体的な値」を取得する方法を、特に「**強制的なアンラップ**」と言います。

10-3 If構文による安全な「強制アンラップ」

オプショナル値の「強制アンラップ」を行なうには、慎重さが必要です。
オプショナル値を軽率に扱うことは、「**ランタイム・エラー**」の原因になります。

「ランタイム・エラー」とは、「実行するまでコンパイラが検知できない不具合」のことです。

以降の例では、オプショナル値の「強制アンラップ」を慎重に行なうべき理由について、説明します。

＊

下に定義する変数「optionalData」は、オプショナルなString?型です。
既定値がないオプショナル値には、自動的に「nil」が設定されます。

2行目では、変数「optionalData」を強制的に「アンラップ」しています。

```
var optionalData: String?   // nil
optionalData!               // runtime error
```

このコードは問題なくコンパイルされますが、実行するとエラーが発生します。

実際のアプリケーションで「ランタイム・エラー」が発生すると、アプリはクラッシュしたりフリーズしたりするかもしれません。

「Swift」は「ランタイム・エラー」を回避するため、プログラマーが明確に許可した場合に限り、「nil」を扱えるように設計されています。
これは、自身が「nil」を許可したからには、プログラマーはその責任を負わなければいけない、ということです。

＊

オプショナル値を安全に扱うために、「ifステートメント」と「比較演算子」を利用できます。

次のコードは、オプショナル値を強制的に「アンラップ」する前に、「その値がnilではない」ことを確認します。

```
if optionalData != nil {
    print("You got ¥(optionalData!).")
}
```

この「ifステートメント」は、オプショナルな変数「optionalData」に「具体的な値」が設定されていた場合に限り、「アンラップ」してその値を取り出します。

10-4 オプショナル・バインディング

「ifステートメント」を利用すると、オプショナル値を安全にアンラップできますが、煩わしいと感じる面もあります。

「ifステートメント」のボディでは、「オプショナル値が安全である」ことが明らかなのに、そこでも扱うたびにアンラップしなければいけないからです。

そこで、「**オプショナル・バインディング**」という特別な記法を使うと、この手間を省けます。

*

以下のコードでは、「秘密の呪文」を示すオプショナルな「String値」を安全にアンラップするために、「ifステートメント」を利用します。

```
var optionalSpell: String? = "Abracadabra"

if optionalSpell != nil {
    print("You got ¥(optionalSpell!).")
}
// PrintsYou got Abracadabra.
```

「オプショナル・バインディング」は、同じ「ifステートメント」を以下のように書き直すことができます。

```
if let nonOptionalSpell = optionalSpell {
    print("You got ¥(nonOptionalSpell).")
}
// Prints You got Abracadabra.
```

この「if-let ステートメント」の動作は、以下のようなものです。

(1) もし、変数「secretSpell」に具体的な値が存在するなら、
(2) アンラップした値を定数「nonOptionalSpell」に割り当てて、
(3) コードブロック内で、その値を利用する。

定数「nonOptionalSpell」には「アンラップして取り出した値」が設定されるので、使用するたびに「感嘆符」(!)をつける必要はありません。

＊

「オプショナル・バインディング」はさらに省略して、以下のように記述することもできます。

このやり方だと、アンラップした値を設定するための「新しい定数」について、その名前を考える手間が省けます。

```
if let optionalSpell {
    print("You got ¥(optionalSpell).")
}
// Prints You got Abracadabra.
```

＊

「オプショナル・バインディング」でアンラップした値を参照できるのは、「if ステートメント」のボディの中だけです。

「ifステートメント」から脱出した後は参照できません。

10-5 オプショナルの暗黙的なアンラップ

実際のプログラミングでは、定義したオプショナル値に「絶対に値が存在する」ことが、コンテキストから確約される場合があります。

絶対に値が存在するのであれば、いつでも安全にオプショナル値をアンラップできるはずです。

そのようなオプショナル値は、**暗黙的にアンラップ**されるオプショナル型として定義できます。

*

暗黙的にアンラップされるオプショナル値に定義するには、「型アノテーション」の直後に「感嘆符」(!)を配置します。

```
var implicitUnwrappedSpell: String! = "Abracadabra"
```

実際のところ、暗黙的にアンラップされるオプショナル値は、「通常のオプショナル値」とほとんど同じように扱えます。

ただし、暗黙的にアンラップされるオプショナル値はプログラマーがアンラップせずに、その具体値にアクセスできる場合があります。

実際に、使用する際に「感嘆符」(!)を付けなくても、「Swift」が自動的にアンラップしてくれるので、あたかもオプショナルでない「通常の値」のように使用可能です。

暗黙的にアンラップされるオプショナル値は、「必要に応じて自動アンラップされる値」とも解釈できます。

以降、「暗黙的にアンラップされるオプショナル値」が自動的にアンラップされる状況について解説します。

*

次のコードは、定数「someData」に「暗黙的にアンラップされるオプショナル値」を割り当てます。

定数「someData」は宣言の際に「型が明示されていない」ので、既定値にはどんな型の値でも割り当てることができます。

```
let someData = implicitUnwrappedSpell
print(someData)    // Prints optional("Abracadabra")
```

コンソール出力すると、定数「someData」は暗黙的にアンラップされることなく「普通のオプショナル値として扱われる」ことを確認できます。

*

次に、定数「anotherData」に「暗黙的にアンラップされるオプショナル値」を割り当てます。

ただし、今度はオプショナルではない「普通のString型である」と、「型アノテーション」で明示的に宣言します。

```
let anotherData: String = implicitUnwrappedSpell   //
Automatically unwrapped.
print(anotherData)   // Prints "Abracadabra"
```

定数「anotherData」に「通常のString型以外の値を割り当てる」ことは、コンパイラによって禁止されます。

つまり、「オプショナルなString型の値」を割り当てることもできません。

その結果、「暗黙的にアンラップされるオプショナル値」は定数「anotherData」に割り当てられる際に、自動的にアンラップされます。

出力された内容からも「自動的にアンラップされた」ことを確認できます。

このように、「Swift」は「暗黙的にアンラップされるオプショナル値」を可能な限り、「普通のオプショナル値」として扱おうとします。

そして、「オプショナル値としては使用できない」と判断した場合のみ、値を暗黙的にアンラップします。

*

「暗黙的にアンラップされるオプショナル値」は定義されて以降、そこに「必ず、値が存在し続ける」ことを保証できる場合に限り有用です。

万が一、「暗黙的にアンラップされるオプショナル値」が「nil」の状態でアクセスすると、ランタイムエラーが発生します。

これは、「nil」状態のオプショナル値を強制的にアンラップした場合と、まったく同じ結果です。

プログラムのどこかで、その変数が「nil」になるかもしれない場合は「暗黙的にアンラップされるオプショナル値」を使うべきではありません。

通常のオプショナル型を使って、参照する際には「nilチェック」を行ないましょう。

10-6 Nil結合演算子

読みやすく簡潔なコードを見ると、プログラマーはいい気分になります。

反対に、単純な動作なのに冗長なコードを見ると、気が滅入ってしまうかもしれません。

つまり、冗長になりがちなオプショナルを扱うコードは、簡潔に記述する価値があります。

以降では、オプショナルを扱う単純なコードを読みやすくする方法について、解説します。

＊

次のコードは、オプショナルなString?型の変数「myFeeling」を安全にアンラップします。

```
var myFeeling: String? = "Happy"

if myFeeling != nil {
    print(myFeeling!)
} else {
    print("No feeling...")
}
// Prings Happy
```

この「ifステートメント」は問題なく動作しますが、内容が単純なだけに冗長な印象です。

「三項演算子」「を使うと同じ機能のコードを1行で記述できますが、「myFeeling」を二回も記述しています。

```
print(myFeeling != nil ? myFeeling! : "No feeling...")
// Prints 😀
```

「**Nil結合演算子**」(&&) を使うと、同じ機能のコードを以下のようにして記述できます。

```
print(myFeeling ?? "No feeling...")
// Prints 😀
```

オプショナル値を扱うコードが冗長になってしまった場合は、「Nil結合演算子」(??) が利用できないか検討してみましょう。

第11章

「配列」と「ループ構文」

プログラムでは、同じコードを何度も繰り返して実行する場面が多々あります。

その際に、いくつかの「ループ構文」を利用すると、効率的なコーディングが可能です。

また、プログラムでは互いに関連のあるデータをいくつも扱う必要があります。

それらのデータを並べて、一貫した方法で管理・操作するための方法として、「データ構造」があります。

11-1 For-Inループ構文

優れたコードを書くために、プログラマーは「DRY (Don't Repeat Yourself) の法則」に従います。

これは、「同じコードは何度も書かない」という考え方です。

同じコードを「決まった回数」だけ繰り返したい場合は、「**for-inループ構文**」を利用できます。

「for-inループ構文」を開始するには、「forキーワード」を利用します。

＊

「ノックを3回する」ために、次のようなコードを記述することはナンセンスです。

ノックの回数を増やす場合、同じコードがさらに増えてしまいます。

```
print("nock!")
print("nock!")
print("nock!")
```

「for-inループ構文」では、「ノックを3回する」ためのコードを次のように記述できます。

```
for _ in 1...3 {
    print("nock!")
}
// nock!
// nock!
// nock!
```

上のループ構文は「ノックを3回する」ので、「inキーワード」の後に「1...3」を指定しています。

なお、「1...3」の記述は「1,2,3」という整数の範囲を表わします。
ノックする回数を増やしたければ、整数の範囲を書き換えるだけです。
コードの行数には影響しません。

また、上の「ループ構文」の「アンダースコア記号」(_)の部分に「任意の識別子」を宣言すると、「現在の繰り返し回数」を参照できます。
下のループでは、コードを繰り返すたびに「number」に1から3が順番に設定されます。

```
for number in 1...3 {
    print(number)
}
// 1
// 2
// 3
```

*

「for-inループ」は、「文字列」に対してコードを繰り返すこともできます。

```
for letter in "Abracadabra" {
    print(letter)
}
// A
// b
// r
// a
// c
// a
```

```
// d
// a
// b
// r
// a
```

＊

「for-inループ」は、「繰り返したい回数」があらかじめ決まっている場合に利用できます。

「ドアが開くまでノックする」や、「暗くなるまで遊ぶ」といったループには不適切です。

11-2 Whileループ構文

日常生活において何かを繰り返すとき、事前にその回数が決まっている場合とそうでない場合があります。

コードを繰り返したい回数が事前に決まっていない場合は、「**whileループ構文**」が適任です。

「whileループ」は「指定した条件」を満たす間だけ、コードを繰り返します。

＊

たとえば、サイコロを振って5を出すために「何回、サイコロを降り続けるべきか」はやってみないと分かりません。

以下に定義する「diceRoll()関数」は、サイコロを振ったように1から6の整数をランダムに返します。

つまり、コードを実行するたびに「サイコロの出目」が変化します。

```
func diceRoll() -> Int {
    return Int.random(in: 1...6)
}
```

5が出るまでサイコロを振るには、「diceRol()関数」を何回呼び出せばいいでしょうか。

すぐに5が出るかもしれないし、なかなか出ないかもしれません。

＊

以下の「whileループ構文」は、「出目が5ではない」という条件を満たす間だけ、コードを繰り返すことができます。

```
var number = diceRoll()

while number != 5 {
    number = diceRoll()
    print("You got ¥(number).")
}
```

ループ条件の「number!= 5」が「false」になると、コードの制御フローは「whileループ」から脱出してプログラムが終了します。

11-3 Repeat-Whileループ構文

「whileループ」は、「指定した条件」を満たす間だけコードを繰り返します。
ただし、「whileループ」は「コードが繰り返される前」にループ条件を評価します。

これは「条件を評価した結果」次第では、一度もコードが実行されずにループが終了する可能性があることを意味します。

＊

「whileループ」の条件に「true」を指定すると、無条件にコードを繰り返すことができます。

たとえば、下の「whileループ」は「サイコロを振るためのdiceRoll()関数の呼び出し」を無条件に繰り返します。
その結果、「コードの無限ループ」が発生して実行環境に過負荷が掛かります。
こういったコードは、直ちに実行を停止すべきです。

```
var number: Int

while true {        // Repeat endlessly.
    number = diceRoll()
    print("You got ¥(number).")
}
```

このような状況を回避するために、「breakキーワード」を使用できます。
下の「ifステートメント」では、サイコロの出目が1になった場合に「breakステートメント」が実行されます。

```
while true {
    number = diceRoll()
    print("You got ¥(number).")
    if number == 1 {
        break
    }
}
```

＊

この「whileループ」は、繰り返したいコードが実行された後に脱出条件を評価します。

そのような場合は、「**repeat-whileループ**」を使用できます。

「repeat-whileループ」は、少なくとも一度はコードが繰り返された後に条件を評価します。

```
repeat {
    number = diceRoll()
    print("You got ¥(number).")
} while number != 1
```

上記の「repeat-whileループ」は、サイコロを振った後に「出目が1ではない」ことを評価します。

ループの中に「脱出条件を評価するifステートメント」はもうありません。

＊

期待したぶんだけ正確にコードを繰り返すには、「for-inループ」と「whileループ」および「repeat-whileループ」を使い分ける必要があります。

11-4 配列

ほとんどのプログラミング言語には「データを並べて、一貫した方法で扱う仕組み」が用意されています。

そのような仕組みを、全般的に「**データ構造**」と言ったりします。

「Swift」にはデータ構造の一つとしてArray型が定義されており、これを「**配列**」と言います。

＊

「配列」のリテラルを記述するには、データの前後を「角括弧」([ ])で囲みます。

「配列」には、要素を「カンマ記号」(,)で区切って、いくつも並べることができます。

```
["Sun", "Earth", "Moon"]
```

「配列」に名前をつけておけば、定数および変数として呼び出せます。

そして、「配列」に並んでいる個々の要素にアクセスするには、「**添え字**」(_subscript_)に「**インデックス**」を指定します。

```
let planets = ["Sun", "Earth", "Moon"]

planets[0]      // "Sun"
planets[1]      // "Earth"
planets[2]      // "Moon"
```

インデックスは「要素の並び順」のことで、数え方は常にゼロから開始します。

たとえば、「planets配列」の「太陽」を参照したければ、添え字に0を指定します。

＊

「配列」のインデックスには、「有効な範囲」があります。

たとえば、「planets配列」は要素数が3個なので、インデックスの有効な範囲は0から2までです。

「添え字」に無効なインデックスを指定するコードは、ランタイムエラーを引き起こします。

下のコードは「planets配列」に無効なインデックス「3」を指定しているので、

実行しようとするとランタイムエラーが発生します。

```
planets[3]    // runtime error
```

プログラムで「配列」を扱う際は常に、インデックスの有効な範囲に注意してください。

特に、初心者は要素数とインデックスを混同しがちです。

＊

また、「Swift」は「配列」の要素となる値の型に一貫性を要求します。

たとえば、次のような「配列リテラル」を記述することは不正です。

```
["one", 2, "3"]     // error; This code is invalid.
```

この「配列リテラル」には「String型の要素」と「Int型の要素」が入り混じっています。

要素の型に一貫性がないため、コンパイラはエラーを報告します。

11-5 新しい「配列」を作る

「配列」のデータ型は、2通りの方法で表記できます。

「**シンタックスシュガー**」は、読み書きしやすいように配慮された表記方法です。

もう一方の「**型パラメータ**」は、本来の厳密な表記方法です。

＊

配列型を表現するにあたって、「シンタックスシュガー」と「型パラメータ」はその外観以外に違いはありません。

いずれにせよ、新しい配列インスタンスを作るには「Array型のイニシャライザ」を呼び出します。

＊

「文字列を要素とする配列」の型は、以下のように記述できます。

```
[String]
Array<String>
```

1行目の表記方法は「シンタックスシュガー」です。

2行目は「型パラメータ」を使った形式です。

「型パラメータ」は、「Array型に「山括弧」(<>)をつけて、その中に要素の型を指定しています。

＊

文字列を要素とする配列のイニシャライザは、以下に示す2通りの方法で呼び出せます。

これらのイニシャライザが作る「配列」は、一つも要素がない「空の配列」です。

```
let someEmptyArray = [String]()
let anotherEmptyArray = Array<String>()
```

「空の配列」を作る方法は他にもあります。

定数および変数の宣言に型アノテーションで「配列の型」を明示します。

そして、既定値に「空の配列」を指定します。

```
let someEmptyArray: [String] = []
let anotherEmptyArray: Array<String> = []
```

上記に挙げたどの方法でインスタンスを作成しても、同じ空の配列が作成されます。

インスタンス作成時に型を明示しなかった場合、コンパイラは「既定値の配列リテラル」に基づいて配列型を推論できます。

つまり、既定値の配列に具体的な要素があれば、宣言から「型アノテーション」を省略できるということです。

＊

以下に定義する定数「fibonacci」は「整数を並べた配列」です。

なお、「フィボナッチ数列」は「ある法則(後述)に従って並べられた一連の数」です。

```
let fibonacci = [1, 1, 2, 3, 5, 8]
```

コンパイラは、この「fibonacci配列」について、「型アノテーション」がなくても既定値から「Int型の配列である」ことを推論できます。

＊

新しい「配列インスタンス」はいろいろな方法で作成できますが、「シンタックスシュガー」のほうが読み書きしやすく、普段のコーディングでも多用されます。

ただ、どの方法が優れていて、どの方法が間違っているということはありません。

その上で、「型パラメータ」でも表現できることを覚えておきましょう。

重要なのは、「配列」を定義する際にコンパイラがそのデータ型を正しく推論できることです。

11-6 要素を追加する

「配列データ」を扱うには、その要素を並べ替えたり、増やしたり減らしたりします。

そのための基本的な配列操作を、以下に挙げます。

・「配列」の最後に新しい要素を追加する
・「配列」の任意の場所に新しい要素を挿入する
・「配列」の要素を新しい値に更新する
・「配列」から要素を削除する

これらの操作を行なうには、Array型の各種メソッドを利用します。

*

ここでは、「配列」に新しい要素を追加する方法を解説するために、「フィボナッチ数列」を例に挙げます。

「フィボナッチ数列」には「最初の二項が1で、それ以降の項は直前の二項の和になる」という法則があります。

以下に、最初の二項を並べた「fibonacci配列」を定義します。

この後に続く値は、前二つの項を足した数(1 + 1)なので、2になります。

```
var fibonacci = [1, 1]
```

「配列」に要素を追加するには、「append(_:) メソッド」を呼び出します。

そして、パラメータに「追加したい要素」を指定します。

「append() メソッド」は常に「新しい要素」を一つ、「配列」の最後尾に追加します。

```
fibonacci.append(2)
// [1, 1, 2]
```

*

新しい要素をいくつか同時に追加したければ、「append(contentsOf:) メソッド」が使用可能です。

「append(contentsOf:) メソッド」のパラメータには、「呼び出し元と同じ型の配列」を指定します。

```
fibonacci.append(contentsOf: [3, 5, 8])
// [1, 1, 2, 3, 5, 8]
```

「append(contentsOf:) メソッド」の実行結果は、「配列同士の結合」とも言えます。

「配列」は、まるで文字列同士を結合するときのように足し算することもできます。

```
fibonacci += [13, 21, 34]
// [1, 1, 2, 3, 5, 8, 13, 21, 34]
```

上のコードでは、「配列」に「配列」を結合するために、「複合代入演算子」(+=)を使っています。

11-7 「配列」に要素を挿入する

「配列」に追加した要素は常に最後尾に配置されます。

これに対して、「配列」の「任意の位置」に新しい要素を配置する操作を特に「**挿入**」と言います。

*

以下に定義する変数「week」は、週の曜日を示す文字列の配列です。

以降、この「配列インスタンス」に要素を挿入していきます。

```
var week = ["Monday", "Friday"]
```

「配列」に要素を挿入するには、Array型の「insert(_:at:) メソッド」が使えます。

「insert(_:at:) メソッド」のパラメータには、「挿入したい値」と「挿入する位置のインデックス」を指定します。

現時点で「week配列」は、要素数が1で有効なインデックスは0なので、「配列」の先頭に要素を挿入するには、「insert(_:) メソッド」のパラメータに0を指定します。

下のコードを実行すると、「week配列」の先頭に「日曜」を挿入できます。

```
week.insert("Sunday", at: 0)
// ["Sunday", "Monday", "Friday"]
```

「insert(_:at:) メソッド」に「有効な範囲より1だけ大きいインデックス」を指定すると、最後尾に挿入できます。

```
week.insert("Saturday", at: 3)
// ["Sunday", "Monday", "Friday", "Saturday"]
```

*

「insert(_:at:) メソッド」に「無効なインデックス」を指定すると、ランタイムエラーが発生します。

これは、指定したインデックスが無効であることはコンパイル時に検出できないためです。

```
week.insert("Wednesday", at: 5) // runtime error; index is
out of range.
```

いくつかの要素を同時に挿入したい場合は、「insert(contentOf:at:) メソッド」を使用できます。

```
week.insert(contentsOf: ["Tuesday", "Wednesday",
"Thursday"], at: 2)
// ["Sunday", "Monday", "Tuesday", "Wednesday", "Thursday",
"Friday", "Saturday"]
```

「week配列」に「日曜」から「土曜」まで7つの曜日を並べることができました。

11-8 「配列」の要素を更新する

「配列」の要素を更新するには、「添え字」と「代入演算子」(=)を使って「変更したい要素」に「新しい値」を設定します。

ここでは果物の絵文字が並んだ「fruits配列」を例に挙げて、「配列」の要素に設定されている値を更新する方法を解説します。

＊

以下のコードでは、「fruits配列」に並んでいる絵文字を更新して、「"🍎"」を「"Apple"」に更新します。

「"🍎"」は「配列」の先頭にあるので、「添え字」にインデックス「0」を指定している点に注目してください。

```
var fruits = ["🍎", "🍩", "🍩"]
fruits[0] = "Apple"     // ["Apple", "🍩", "🍩"]
```

下のコードに示す通り、無効なインデックスの要素を更新しようとすると、ランタイムエラーが発生します。

```
fruits[3] = "Orange"    // runtime error
```

このコードは「fruits配列」のインデックスが3の要素を更新しようとしますが、そのような要素は存在しません。

「指定したインデックスが無効であること」はコンパイル時に検出できないので、実行時にエラーが発生します。

配列の要素を更新するには「更新したい要素のインデックス」を知っておく必要があります。

＊

Array型には「インデックスを安全に取得する」ためのメソッドがいくつか用

意されています。

「firstIndex(of:)メソッド」は、指定された値が「配列内で最初に一致した要素」のインデックスを返します。

「lastIndex(of:)メソッド」は、指定された値が「配列内で最後に一致した要素」のインデックスを返します。

```
fruits.firstIndex(of: "🥝")      // 1
fruits.lastIndex(of: "🥝")       // 2
```

これらのメソッドに対して「一致するはずのない"🍊"」を指定すると、どうなるでしょうか。

```
fruits.firstIndex(of: "🍊")      // nil
```

配列内で一致する要素が見つからなかった場合、「firstIndex(of:)メソッド」は「nil」を返します。

つまり、メソッドに指定した値次第で、返り値は「nilかもしれない」し、「インデックスかもしれない」ということです。

これは、「firstIndex(of:)メソッド」と「lastIndex(of:)メソッド」の返り値はオプショナルであることを示しています。

11-9 「配列」の要素を削除する

「配列」から要素を削除するには、Array型に用意されている、さまざまなメソッドを利用できます。

追加や挿入のメソッドとは異なり、削除メソッドは「削除した要素」を返します。

以降の例では、買い物リストを示す「shoppingList配列」からアイテムを削除していきます。

```
var shoppingList = ["Apple", "Banana", "Cheese", "Date"]
```

＊

「配列」の要素を削除する最もシンプルな方法は、「remove(at:)メソッド」を呼び出すことです。

「remove(at:) メソッド」には、「削除したい要素のインデックス」を指定します。

```
shoppingList.remove(at: 0)  // "Apple"
// ["Banana", "Cheese", "Date"]
```

「remove(at:) メソッド」は「削除した要素」を返すので、後から「削除された要素」を参照することもできます。

```
let removedItem = shoppingList.remove(at: 1)
print("¥(removedItem) is removed.")
// Prints Cheese is removed.
// ["Banana", "Date"]
```

Array型には他にも、「配列」から要素を削除するための便利なメソッドが定義されています。

先頭の要素を削除したい場合は、「removeFirst() メソッド」を使用できます。
最後の要素を削除するための「removeLast() メソッド」も用意されています。
配列からすべての要素を削除したい場合は、「removeAll() メソッド」を呼び出しましょう。

＊

どの方法で要素を削除する場合も「有効なインデックスの範囲」に注意してください。

たとえば、「remove(at:) メソッド」に無効なインデックスを指定したり、空の配列に対して「removeFrist() メソッド」を呼び出すことは不正です。
そのようなコードを実行すると、ランタイムエラーが発生します。

第12章

「タプル」と「辞書」

プログラムの中ではたくさんのデータを扱うので、効率的かつ一貫した方法で管理、操作することが重要です。

そのための方法として、「配列」とは異なるデータ構造の「辞書」があります。

ここでは他に、関連するデータをまとめて保持する「タプル」も解説します。

12-1 タプル

いくつかのデータを、一つにまとめて扱えるようにした値を「**タプル**」と言います。

「タプル」には、どんな型の値でもまとめることができます。

「配列」のように、それぞれの要素が同じ値である必要はありません。

＊

タプル値は「丸括弧」(())を使って、以下のように記述します。

以下に示す通り、整数をまとめた「タプル」はもちろん、「文字列」と「真偽値」をまとめた「タプル」も定義できます。

```
(123, 456)
("The earth is blue.", true)
```

他の一般的なデータと同じように名前をつけておけば、定数や変数として呼び出すことができます。

そして、タプルにまとめられた個々の値には、インデックスを使ってアクセスできます。

```
let truth = ("The earth is blue.", true)
truth.0    // "The earth is blue."
truth.1    // true
```

「タプル」の先頭にある値には、インデックス「0」でアクセスできます。

また、「タプル」にまとめられた二つ目の値はインデックス「1」でアクセスできます。

＊

「タプル」にまとめられた値は、個別に分解できます。

分解したそれぞれの値は、通常の定数や変数として扱うことができます。

```
let (phrase, boolean) = ("The earth is blue.", true)
print("It's ¥(boolean) that ¥(phrase)")
// Prints It's true that The earth is blue.
```

＊

「タプル」にまとめた個々の値には、ラベルをつけておくことができます。

```
let louvreMuseum = (latitude: 48.861, longitude: 2.337)
louvreMuseum.latitude       // 48.861
louvreMuseum.longitude      // 2.337
```

ラベル付きのタプル値には、ドットシンタックスでラベルを指定してアクセスします。

上のコードにおいて、「ルーブル美術館」の座標を示す定数「louvreMuseum」は「タプル」ですが、緯度(latitude)と経度(longitude)を示すラベルがあります。

そのおかげで、プログラマーはインデックスの順番を知らなくても必要な値を取得できます。

12-2 辞書

「Swift」のDictionary型は「Swift」に定義されているデータ構造の一つで、「辞書」とも呼ばれます。

配列と同じように、「辞書」のリテラルも「角括弧」([]) を使って作りますが、辞書の要素は「キー」と「値」のペアになっています。

キーと値は、「コロン記号」(:)で結びつきます。

＊

以下のコードは、世界中の「都市と気温」を要素とする「辞書」のリテラルです。

この「辞書」の要素は一つだけですが、「クパチーノの気温が3度である」ことを示しています。

つまり、キーは「クパチーノ市」で、値は「3度」です。

```
["Cupertino": 3]
```

「辞書」の要素は、「配列」のようにカンマ記号(,)で区切って並べることができます。

```
["Cupertino": 3, "Vancouver": -4, "Rio de Janeiro": 26]
```

＊

「辞書」も名前をつけておけば、定数および変数としていつでも呼び出せます。

「配列」と異なる点として、「辞書」の要素には順番がないことに注意してください。

そのため、要素の値にアクセスするためにインデックスを指定することはできません。

要素の値を取得するためには、「添え字」にキーを指定します。

```
var weathers = ["Cupertino": 3, "Vancouver": -4, "Rio de
Janeiro": 26]

weathers["Cupertino"]        // 3
weathers["Vancuver"]         // -4
weathers["Rio de Janeiro"]  // 26
```

「辞書」に存在しないキーにアクセスすると、「nil」が返ります。

```
weathers["California"]      // nil.
```

「カリフォルニア」は「辞書」に存在しないキーなので、結果は「nil」です。

これは、「辞書」の要素にアクセスして得られる値は常にオプショナルであることを意味します。

＊

「配列」と同様に、「辞書」についても要素型に一貫性が要求されます。

「辞書」の要素に採用する「キーと値のデータ型」に制限はありませんが、すべての要素は「キー・値の型」が一貫している必要があります。

一つでも「キー・値の型」が他の要素と異なっていると、コンパイル時にエラーを報告します。

12-3 「辞書」へのアクセス

新しい「辞書インスタンス」を作るにはDictionary型のイニシャライザを呼び出します。

そして、「配列」と同じように、「辞書」を操作して要素を追加したり、値を更新したりできます。

ただし、そのためにはインデックスではなく、キーを指定します。

＊

以下に示す二つのコードは、どちらも「キーが文字列で、値が小数点数」の辞書を作成するイニシャライザです。

1行目は「シンタックスシュガー」、**2行目**は「型パラメータ」ですが、作成される辞書のインスタンスはまったく同じです。

```
[String: Double]()
Dictionary<String, Double>()
```

＊

リテラルを使って、「空の辞書インスタンス」を作ることもできます。

以下に定義する変数の「forecasts辞書」は、各国都市の降水確率データを保持します。

「型アノテーション」で充分な型情報が与えられている場合、「空の辞書リテラル」でインスタンスを作れます。

```
var forecasts: [String: Double] = []
```

＊

「辞書」に新しい要素を追加するには、「添え字」に「新しいキー」を指定します。

そして、「代入演算子」(=)で「新しい値」を設定します。

```
forecasts["Tokyo"] = 0.3
forecasts["Los Angeles"] = 0.2
forecasts["London"] = 0.7
```

上のコードを実行すると、「forecasts辞書」に三つの要素を並べることができます。

ただし、辞書の要素には順番がないので、追加した順に要素が並んでいるとは限りません。

12-4 「辞書」の操作

「辞書」の要素を更新したり、新しい要素を追加したり、既存の要素を削除するためには二通りの方法があります。

一つは、「添え字」に操作したい要素のキーを指定する方法。

もう一つは、専用のメソッドを呼び出す方法です。

*

以下に定義する変数の「shoppingItems辞書」は、買うものを追跡するためのリストです。

買うものが「卵を1個」であることを示しています。

```
var shoppingItems = ["egg": 1]
```

次のコードは、「添え字」に操作したい要素のキーを指定する方法で、要素の値を更新します。

このとき、「存在しないキー」を指定すると、新しい要素として辞書に追加されます。

```
shoppingItems["egg"] = 2          // 2
shoppingItems["banana"] = 1       // 1
// ["egg": 2, "banana": 1]
```

「辞書」の要素を更新する、もう一つの方法は「updateValue(_:forKey) メソッド」を呼び出すことです。

「updateValue(_:forKey:) メソッド」の引数には「更新する値」と「更新したい要素のキー」を指定します。

```
shoppingItems.updateValue(3, forKey: "egg")      // 2
shoppingItems.updateValue(1, forKey: "milk")     // nil
// ["egg": 3, "banana": 1, "milk": 1]
```

「updateValue(_:forKey:) メソッド」は値の更新に成功すると「更新前の値」を返します。

ただし、「updateValue(_:forKey) メソッド」のforKeyパラメータに「存在しないキー」を指定した場合、「辞書」に要素を追加した上でメソッドは「nil」を返します。

「辞書」から要素を削除する場合も2通りの方法があります。

一つは、添え字に「削除したい要素のキー」を指定する方法。
もう一つは、「removeValue(forKey:) メソッド」を使う方法です。

```
shoppingItems["egg"] = nil                          // nill
shoppingItems.removeValue(forKey: "banana")         // 1
shoppingItems.removeValue(forKey: "avocado")        // nil
// ["milk": 1]
```

「添え字」に「削除したい要素のキー」を指定する場合、その値に「nil」を設定します。

「removeValue(forKey:) メソッド」は、要素の削除に成功すると「削除した値」を返します。

「removeValue(forKey:) メソッド」が要素の削除に失敗した場合、メソッドは「nil」を返します。

＊

「添え字」にキーを指定する方法とメソッドを呼び出す方法は、それぞれを使い分けることで操作後に「新しい要素が追加されたのか、更新されたのか」や「削除した値は何か、削除に失敗したかどうか」などの結果を判断できます。

なお、「updateValue(_:forKey) メソッド」や「removeValue(forKey:) メソッド」が返す値は常にオプショナルでラップされているので、メソッドの返り値を扱う際はアンラップする必要があります。

12-5 「辞書」の反復処理

「配列」のように「辞書」も、「ループ構文」でコードを繰り返すために利用できます。

たとえば、辞書の中から最大値の要素を探したりすることが考えられます。

*

以下に定義する定数「demographicData」は「都市の人口データ」を保持する「辞書」です。

「辞書リテラル」は要素ごとに改行したり、インデントを入れて整理すると読みやくすなります。

```
let demographicData = [
    "Madrid": 3_223_000,
    "Tokyo" : 13_960_000,
    "Monaco": 39_240
    ]
```

以下の「for-inループ」は、「demograpicData辞書」の全要素に対して、コンソール出力するコードを反復します。

このとき、「item」には「順番に取り出された辞書の要素」が保持されます。

なお、「辞書」の要素には順番がないので、実行するたびに「出力される都市データの順番」は変化します。

```
for item in demographicData {
    print("¥(item.key): ¥(item.value)")
}
// Tokyo: 13960000.
// Monaco: 39240.
// Madrid: 3223000.
```

*

「for-inループ」で順番に取り出される要素は、「タプル形式」で分解することもできます。

以下のコードは、「demographicData辞書」から「人口が最大の都市名」を出力するために、最大の値を見つけます。

```
var cityName = ""
var maxPopulation = 0
```

```
for (city, population) in demographicData {
    if maxPopulation < population {
        cityName = city
        maxPopulation = population
    }
}

print("The most populous city is ¥(cityName).")
// Prints The most populous city is Tokyo.
```

*

「配列」や「辞書」のような「Swift」のデータ構造を「for-inループ」で反復(イテレート)できるようにする仕組みには、「プロトコル」という概念が関係しています。

第13章

「列挙型」と「switch分岐構文」

あるデータについて、それがどのように変化できるかをあらかじめ制限しておくと便利な場合があります。
このようなデータは「列挙型」としてモデル化できます。

そして、「列挙型」を「switch分岐構文」で利用すると、コードの安全性が向上します。
「Switch分岐構文」は、「ifステートメント」のように「どのコードを実行するべきか」を制御する仕組みです。

13-1 「列挙型」の基本

「**列挙型**」を利用すると、データが変化しうる値を選択させたり、制限したりできます。

「列挙型」を定義するには、「enumキーワード」を使います。

また、「列挙型」のボディでは、そのデータがとりうる値を「caseキーワード」で記述します。

＊

たとえば、カフェで注文する飲み物サイズを示すデータについて、「S,M,L」のいずれかにだけ設定できるようにすることは妥当です。

以下に定義するDrinkSize型は、「飲み物のサイズ」をモデル化した「列挙型」です。

```
enum DrinkSize {
    case small
    case regular
    case large
```

```
}
```

このような単純な「列挙型」では、それぞれのケースを一つにまとめて以下のように記述することもできます。

```
enum DrinkSize {
    case small, regular, large
}
```

DrinkSize型は、その値が「小・中・大」を示す3種類のケースから選べることを意味します。

*

「列挙型」の値を利用するにあたって、イニシャライザは不要です。

たとえば、「飲み物のサイズ」を示す「DrinkSize型インスタンス」は、以下のようにして作れます。

「列挙型インスタンス」を呼び出すと、その値に設定されている「列挙型」の「**ケース値**」を取得できます。

```
var appleJuiceSize = DrinkSize.small
appleJuiceSize      // small
```

充分な型情報が与えられている場合、「代入演算子」(=)の右辺で「ドット以前の型名」を省略できます。

次のコードで定義している変数「bananaAulaitSize」は、「型アノテーション」によって「DrinkSize型である」ことが明示されています。

したがって、右辺ではその型名を省略できます。

```
var bananaAulaitSize: DrinkSize = .regular
bananaAulaitSize    // regular
```

*

ここで解説した列挙ケースの値は、大小比較できるようなデータではなく、あくまでも各ケース値を区別するだけです。

13-2 「switch分岐構文」の基本

「if条件分岐構文」とは別のフロー制御構文として、「**switch分岐構文**」があります。

「switch分岐構文」は、評価すべき値が「どのケースに該当するか」に基づいて、実行フローを制御します。

「switchステートメント」では、その分岐先で実行するコードを「case節」に記述します。

ここからは、「switch分岐構文」の基本を解説するために、レストランの人気度を「星の数」で表わすプログラムを例に挙げます。

たとえば、最高度の人気を「三ツ星」で表わす場合は、変数「numberOfStars」に3を設定できます。

＊

「星の数」に基づいて実行フローを制御する「switch分岐構文」は、以下のように記述できます。

この「switch分岐構文」において、変数「numberOfStars」は「評価値」です。

そして、「caseキーワード」で記述された分岐先のケースが3つあります。

```
var numberOfStars = 3

switch numberOfStars {
case 1:
    print("⭐")
case 2:
    print("⭐⭐")
case 3:
    print("⭐⭐⭐")
}
// error; Switch must be exhaustive
```

「switchステートメント」は常に、「評価値がどのケースと一致するか」を上から順番に評価します。

つまり、この「switchステートメント」は、変数「numberOfStars」が1なら⭐を一つ、2なら⭐を二つ、3なら⭐を三つだけ出力するコードを実行します。

ただし、コンパイラは上の「switchステートメント」に対して構文エラーを報告します。

この「switchステートメント」は「評価値が1か2か3になるケース」しか考慮していないからです。

＊

「Swift」の「switchステートメント」には、網羅性が要求されます。

つまり、このエラーを解消するには「評価値が1から3以外の整数になっても、いずれかのケースに該当する」ようにしなければいけません。

しかしながら、すべての整数に対応するために一つずつケースを用意することは現実的ではありません。

そこで、用意したケースのいずれにも評価値が該当しなかった場合は、「dafault節」でカバーできます。

```
switch numberOfStars {
case 1:
    print("☆")
case 2:
    print("☆☆")
case 3:
    print("☆☆☆")
default:
    print("No rating...")
}
// Prints ☆☆☆
```

上の「switchステートメント」における「default節」は、評価値が0や5であっても該当します。

なお、「default節」は常にすべてのケースの最後に配置します。

＊

「switchステートメント」を利用する利点は、コンパイラによって分岐の網羅性が検査されることです。

「ifステートメント」にはないこの仕組みのおかげで、より堅牢なプログラムを構築できます。

13-3 列挙ケースを評価する「switchステートメント」

「列挙型」と「switchステートメント」を組み合わせると、より堅牢な条件分岐プログラムを構築できます。

これはつまり、「ロジックの分岐漏れ」を防ぐことができるという意味です。

*

レストランの人気度を3段階で示す場合、あらかじめ人気度を「3段階しか設定できないようにする」ことは妥当です。

たとえば、「良い、なお良い、素晴らしい」といった3段階が考えられるかもしれません。

下に定義するRating型は、3段階の評価される人気度をモデル化した列挙型です。

```
enum Rating {
    case good, better, excellent
}
```

「列挙型インスタンス」を評価する「switchステートメント」は、各switchケースで「評価値の該当する列挙ケース」を記述できます。

下の「switchステートメント」は、評価値の「stars」がgoodなら⭐を一つ、betterなら⭐を二つ、excellentなら⭐を三つだけ出力します。

```
var stars: Rating = .good

switch stars {
case .good:
    print("⭐")
case .better:
    print("⭐⭐")
case .excellent:
    print("⭐⭐⭐")
}
// Prints ⭐
```

*

この「switchステートメント」には「default節」がありませんが、評価値がとりうる変更を網羅している点に注目してください。

「列挙型インスタンス」を「switch ステートメント」で利用すると、必要充分な分岐先だけで評価値を網羅できます。

仮にコードの変更があって「列挙ケース」が増えた場合、コンパイラは「switch ステートメント」も対応すべきであることを警告してくれます。

第3部

高度なSwiftプログラミング

第３部では、「ジェネリクス」や「クロージャ」「プロトコル」「エクステンション」を学びます。

これらはSwiftプログラミングの高度な概念であり、最新のフレームワークを利用したアプリ開発において、重要な役割を果たしています。

第14章

「プロトコル」と「エクステンション」

「Swiftプログラミング」における重要な概念の一つに「プロトコル」があります。

「プロトコル」は、データオブジェクトに「インターフェイスの実装」を要求する仕組みです。

14-1 プロトコル

人間が何かを扱うにあたって、操作対象とのやり取りが行なわれる接点を、「**インターフェイス**」と言います。

たとえば、自動車のハンドルやペダルは、運転者がクルマを操作するための「インターフェイス」です。

プログラミングにおけるインターフェイスは、「プログラマーとデータオブジェクトの接点」です。

これは「オブジェクトからアクセスできるメソッドやプロパティ」を指します。

＊

「Swift」ではインターフェイスを「**プロトコル**」として定義できます。

「プロトコル」を定義するには、「protocolキーワード」を使います。

次のコードは、「Friendlyプロトコル」を定義します。

```
protocol Friendly {
}
```

「プロトコル」のボディには、インターフェイスとなる「メソッド」や「プロパティ」を宣言できます。

たとえば、「Friendlyプロトコル」には「フレンドリーな機能を提供するインターフェイス」を宣言します。

「笑顔を見せる」ための「showSmile() メソッド」にアクセスできると、友達と仲良くなれるかもしれません。

```
protocol Friendly {
    func showSmile()
}
```

＊

ここでは、「プロトコル」に宣言する「メソッド」のボディに、コードブロック({})がないことに注目してください。

「プロトコル」は、そこで宣言されたインターフェイスの実装について関知しません。

「どんな笑顔を見せるか」は、「プロトコル」を「**採用**」するオブジェクトが決定する、というわけです。

＊

型に「プロトコル」を採用するには、「定義する型名」の後に、「コロン」(:) を挟んで「プロトコル名」を指定します。

次のコードは、構造体のPerson型に「Friendlyプロトコル」を採用します。

```
struct Person: Friendly {
}
// error; Type 'Person' does not conform to protocol
'Friendly'
```

この時点で、コンパイラはエラーを報告します。

Person型は「Friendlyプロトコル」を採用しましたが、その「インターフェイス要件」を満たしていないことが原因です。

Person型に「showSmile() メソッド」を実装すると、エラーを解消できます。

```
struct Person: Friendly {
    func showSmile() {
        print("😀")
    }
}
```

これは、Person型が「Friendlyプロトコル」に「**適合**」(あるいは「**準拠**」) したことを意味します。

型が採用した「プロトコル」に適合するには、その要件を完全に実装する必要があります。

＊

「プロトコル」を定義する際、そこで宣言される要件に実装はありません。

「プロトコル」の役割は「適合した型にアクセス手段を保証する」ことです。

そのためには、「プロトコル」を採用したデータ型はすべての要件を実装して適合する必要があります。

要件のインターフェイスが「どのように機能するか」は、「プロトコル」を採用した型で実装します。

なお、「プロトコル」を採用できるのは、「クラス」「構造体」および「列挙型」です。

14-2 プロパティ要件

「プロトコル」の要件には「メソッド」の他にも、「プロパティ」や「添え字」「イニシャライザ」などを宣言できます。

ここでは、「プロトコル」に「プロパティ」の要件を宣言して、型に実装する方法を解説します。

手 順 「プロパティ要件」を宣言する

[1] 「プロトコル定義」に「プロパティ要件」を宣言するには、「名前」と「型」を指定します。

プロトコルの「プロパティに関する要件」は常に、「varキーワード」の変数プロパティです。

[2] さらに、その「プロパティ」が「読み取り専用か、読み書き可能か」も指定します。

[3] 要件の「プロパティ」を読み書き可能にする場合は、型宣言の後に「{get set}」と記述します。

読み取り専用として宣言したい場合は、「{get}」だけを記述します。

＊

次の「Shapeプロトコル」は、要件として「areaプロパティ」を宣言します。

```
protocol Shape {
    var area: Double { get }
}
```

「Shapeプロトコル」は、「areaプロパティ」を「読み取り専用」として宣言しています。

これはプロパティを「少なくとも読み取り可能に実装する」だけで、要件を満たすことを意味します。

つまり、(a)通常の「変数プロパティ」としてはもちろん、(b)ゲッターだけの「計算プロパティ」として実装しても、(c)「定数プロパティ」として実装しても要件を満たせるということです。

＊

以下の例では、四角形をモデル化したRectangle型の「構造体」に「Shapeプロトコル」を採用します。

```
struct Rectangle: Shape {
    let width, height: Double
    var area: Double {
        return width * height
    }
}
```

四角形の面積は「高さと横幅の積」で計算できますが、面積から「高さと横幅」を求めることはナンセンスです。

したがって、Rectangle型を「Shapeプロトコル」に適合させるにあたって、「areaプロパティ」を読み取り専用の「計算プロパティ」として実装することは妥当です。

対照的に、円の場合は面積を半径から算出できますが、面積から半径を算出することもできます。

```
struct Circle: Shape {
    var rarius = 1.0
    var area: Double {
        get {
            return rarius * rarius * Double.pi
```

```
        }
        set {
            rarius = sqrt(newValue / Double.pi)
        }
    }
}
```

上記のCircle型は円をモデル化した「構造体」ですが、「Shapeプロトコル」に適合するにあたって、「areaプロパティ」を読み書き可能な「計算プロパティ」として実装しています。

> ※「sqrt(_:)関数」は平方根を計算します。
> 使うには、ファイルに「Foundationフレームワーク」をインポートする必要があります。

＊

「プロトコル定義」において「読み取り可能」として宣言された「プロパティ要件」は、採用した型に対してプロパティの「読み取りアクセス」を要求します。

言い換えると、その「プロパティ」を書き込みも可能にするかはプログラマーの任意です。

結局のところ、プロパティをどのように実装しても要件に適合できます。

対照的に、「プロトコル定義」において「読み書き可能」として宣言された「プロパティ要件」は、絶対に「読み取りも書き込みもできる」ように実装する必要があります。

つまり、「定数プロパティ」や読み取り専用の「計算プロパティ」として実装しても、要件は満たせません。

＊

なお、「プロトコル」の「プロパティ要件」には、「インスタンス・プロパティ」だけでなく、「型プロパティ」も宣言できます。

「型プロパティ」を宣言する場合は、「staticキーワード」を使います。

14-3 メソッド要件

「プロトコル」に要件の「メソッド」を宣言する方法は、通常の「メソッド」とまったく同じです。

ただし、「プロトコル」は「実装」を提供しないので、そこで宣言される「メソッド」にボディ({})はありません。

ここでは「音楽や映画などのメディアコンテンツを扱う機器」に提供するためのインターフェイスを例に挙げて、「プロトコル」にメソッド要件を宣言する方法を解説します。

＊

次の「MediaPlayerプロトコル」は、「メディアを再生する」ための「play() メソッド」を宣言します。

また、PortableAudio型は、「iPod」や「ウォークマン」のような「音楽を聴くデバイス」をモデル化した「構造体」です。

```
protocol MediaPlayer {
    func play()
}

struct PortableAudio: MediaPlayer {
    var isPlaying = false

    func play() {
        print("Now playing ...")
    }
}
```

PortableAudio型は「MediaPlayerプロトコル」に適合するために、「play() メソッド」を実装しています。

「isPlayプロパティ」は、「デバイスがメディアを再生中かどうか」を示す「Bool値」ですが、音楽が再生されたら「true」に変更されるべきです。

＊

下のコードは、「play() メソッド」が「呼び出し元インスタンスのisPlayingプロパティ」を変更できるようにします。

```
struct PortableAudio: MediaPlayer {
```

```
    var isPlaying = false

    func play() {
        isPlaying = true     // modify properties of self.
        print("Now playing ...")
    }
}
//error; Cannot assign to property: 'self' is immutable
```

このとき、コンパイラは追記したコードに対してエラーを報告します。

値型データの「インスタンスメソッド」が自身のインスタンスを変更するには、メソッドに「mutatingキーワード」をマークする必要があります。

＊

また、要件のメソッドが「そのプロトコルを採用した型のインスタンス」を変更できるようにするには、「プロトコル」のメソッド宣言を「mutatingキーワード」でマークする必要があります。

```
protocol MediaPlayer {
    mutating func play()    // Mark mutating keyword
}

struct PortableAudio: MediaPlayer {
    var isPlaying = false

    mutating func play() {  // Mark mutating keyword
        isPlaying = true
        print("Now playing ...")
    }
}
```

なお、プロトコル側のメソッド要件が「mutating」でマークされていても、型で実装する際に不要ならば「mutatingキーワード」を無視できます。

＊

「プロトコル」に宣言するメソッドには、「パラメータの既定値」を設定できません。

また、プロトコル要件に「型メソッド」を宣言する際には「staticキーワード」をマークします。

特に、クラスで実装する際には「static」あるいは「classキーワード」をマークします。

第15章

エクスタンション

「エクステンション」を利用すると、既存の定義を拡張して型に新しい機能を追加できます。

元の定義にアクセスできない型であっても、機能を拡張できます。

15-1 型を拡張して、「メソッド」を追加する

「エクステンション」が拡張できるのは、「クラス」「構造体」「列挙型」「プロトコル」の定義です。

「エクステンション」には、「計算プロパティ」「メソッド」「イニシャライザ」に加えて、「添え字」や「ネスト型」も定義可能です。

また、既存のデータ型を拡張してプロトコルに適合させることもできます。

*

以降の例では、「エクステンション」を利用して「Int型の定義」を拡張する方法を解説します。

「エクステンション」を定義するには、「extensionキーワード」を使います。

```
extension Int {
    // Implement new features here.
}
```

「エクステンション」のボディでは、「型に拡張したいこと」を定義します。

ここではInt型を拡張して、新しい「banana()メソッド」を追加しましょう。

「banana()メソッド」は、「呼び出し元のインスタンスが示す整数」と同じ数だけ、バナナの絵文字を返します。

```
extension Int {
    func banana() -> String {
        return String(repeating: "🍌", count: self)
    }
}

3.banana()  // "🍌🍌🍌"
```

既存のInt型を拡張して、「整数インスタンス」から便利な「banana()メソッド」を呼び出せるようになりました。

＊

「エクステンション」に定義するメソッドに「mutatingキーワード」をマークすると、拡張する型に「自己可変メソッド」を追加することもできます。
同様に、「staticキーワード」をマークすると「型メソッド」を追加できます。

たとえば、下に定義する「エクステンション」は、String型に「秘密の呪文」を取得するための「型メソッド」を追加します。

```
extension String {
    static func secretSpell() {
        return "Abracadabra"
    }
}

String.secretSpell  // "Abracadabra"
```

「型メソッド」はインスタンスではなく、型自身から呼び出されるメソッドです。

15-2 型を拡張して、プロパティを追加する

「エクステンション」を利用すると、「型の定義」にプロパティを追加できます。

＊

以下に、「型に追加できるプロパティ」の種類を挙げます。

・通常の型プロパティ(定数と変数の両方)
・型の計算プロパティ
・型のプロパティ・オブザーバ
・インスタンスの計算プロパティ

なお、定義ずみの「型プロパティ」に「プロパティ・オブザーバ」を追加することはできません。

また、「エクステンション」を利用しても型に追加できないプロパティがある点に注意してください。

型に追加できないプロパティの種類を以下に挙げます。

・通常のインスタンスプロパティ(変数と定数の両方)
・インスタンスのプロパティ・オブザーバ

＊

たとえば、下の「エクステンション」はInt型を拡張して、「FizzBuzzaアルゴリズム」を判定する「計算プロパティ」を追加します。

```
extension Int {
    var fizzBuzz: String {
        let isFizz = self.isMultiple(of: 3)
        let isBuzz = self.isMultiple(of: 5)

        if isFizz && isBuzz { return "FizzBuzz" }
        if isFizz { return "Fizz" }
        if isBuzz { return "Buzz" }
        return String(self)
    }
}

1.fizzBuzz  // 1
3.fizzBuzz  // "Fizz"
5.fizzBuzz  // "Buzz"
15.fizzBuzz // "FizzBuzz"
```

上記の例では、「エクステンション」に「ゲッターだけがある読み取り専用の計算プロパティ」を定義しました。

必要に応じて、「セッターもある読み書き可能な計算プロパティ」を定義することもできます。

＊

「型プロパティ」を追加するには、「staticキーワード」をマークします。

たとえば、下の「エクステンション」はInt型を拡張して、「1000倍単位の定数」を取得する定数の「型プロパティ」を追加します。

```
extension Int {
    static let thousand = 1_000
    static let million  = 1_000_000
    static let billion  = 1_000_000_000
    static let trillion = 1_000_000_000_000
}

Int.thousand     // 1000
Int.million      // 1000000
Int.billion      // 1000000000
Int.trillion     // 1000000000000
```

上に示した通り、「エクステンション」は「型プロパティ」の定数および変数を既存の型に追加できます。

ただし、定数か変数かにかかわらず、「インスタンスのプロパティ」は追加できません。

15-3 「構造体」を拡張して、「イニシャライザ」を追加

「エクステンション」は既存の型を拡張して、新しい「イニシャライザ」を追加できます。

つまり、「エクステンション」を利用することによって、「独自の初期化手続き」で既存型のインスタンスを作れるようになります。

以降の例では、独自の方法で「Bool型インスタンス」を作るために、「エクステンション」で新しい「イニシャライザ」を追加する方法を解説します。

*

本来、Bool型の「標準イニシャライザ」が作るインスタンスは常に「false」なので、指定した確率で「true」のインスタンスを作れると便利です。

```
Bool()  // false
```

ただし、指定された確率がゼロ以下なら常に「false」を、1以上の場合は常に「true」を作成することにします。

以下に定義するBool型の「エクステンション」は、確率を示すDouble型のパラメータを受け取る「イニシャライザ」を追加します。

```
extension Bool {
    init(probability: Double) {
        if Double.random(in: 0..<1) < probability {
            self = true
        }
    }
}
// error; 'self.init' isn't called on all paths before
returning from initializer
```

新しい「イニシャライザ」では、「random(in:)メソッド」を使って「0~1未満のランダムな小数点数」を生成しています。

そして、それが指定の確率より小さい場合に自身のインスタンスに「true」を設定します。

ただし、コンパイラはこのイニシャライザ実装に対してエラーを報告します。

*

「エクステンション」で追加する初期化手続きでは、「拡張元の型に定義され

ているイニシャライザ」を呼び出して、自身のインスタンスを作っておかなければなりません。

エラーを解消するために、「self.init()」を呼び出します。

これは、常に「false」を作成するBool型の「標準イニシャライザ」です。

```
extension Bool {
    init(probability: Double) {
        self.init()     // Default initializer always
creates false
        if Double.random(in: 0..<1) < probability {
            self = true
        }
    }
}
```

「self = true」が実行される前に、「self.init()」を呼び出している点に注目してください。

そうしなければ、「true」を設定したインスタンスが「標準イニシャライザ」によって「false」に上書きされてしまうからです。

「構造体」の場合、拡張元の型に「メンバーワイズ・イニシャライザ」が定義されていれば、「エクステンション」で追加するイニシャライザ内でそれを呼び出すこともできます。

15-4 型を拡張して、「添え字アクセス」を追加する

「エクステンション」を利用して、既存の型に「添え字でアクセスする方法」を追加できます。

以下では、文字列に「添え字アクセス」すると「指定した数だけ、先頭からオフセットした位置の文字」を取得する方法を例に挙げて、解説します。

＊

通常、「文字列リテラル」に「整数を指定した添え字」でアクセスすることはできません。

整数の代わりに、「添え字」には「String.Index」という付属型の値を指定するように警告されます。

```
"swift"[1]
// error; cannot subscript String with an Int, use a
String.Index instead.
```

文字列の先頭から任意の位置まで移動（オフセット）した位置のString.Index値は、「index(:offsetBy)メソッド」で取得できます。

「index(:offsetBy)メソッド」には「起点の位置」と「オフセット量」を指定します。

なお、文字列インデックスは、配列のインデックスと同様に、常にゼロから数えます。

```
let stringIndex = "swift".index("swift".startIndex,
offsetBy: 1)
"swift"[stringIndex]     // w
```

上のコードにおいて、定数stringIndexは「"swift"」の「先頭から1個だけオフセットした位置」を示す「String.Index型インスタンス」です。

つまり、「"w"」がある位置の文字列インデックスです。

＊

添え字に整数を指定して、文字列から任意の一文字を取得できると便利です。

そこで、以下の「エクステンション」はString型を拡張して、「整数による添え字アクセス」を追加します。

```
extension String {
    subscript(i: Int) -> Character {
```

```
            let index = self.index(self.startIndex, offsetBy: i)
            return self[index]
        }
    }
```

型に「添え字」を実装するには「subscriptキーワード」を使います。

ここでは「添え字」に整数を指定したいので、パラメータリストにはInt型の引数「i」を宣言しています。

なお、「添え字」が返す値のCharacter型は「一文字だけの文字列」を意味します。

*

ただし、上のように実装された「添え字アクセス」は「負の整数や文字数以上の整数が指定された場合」あるいは「文字列が空だった場合」に、ランタイムエラーを引き起こします。

それらの問題を解決した「添え字アクセス」の実装は、以下の通りです。

```
extension String {
    subscript(i: Int) -> Character? {
        if 0 <= i && i < self.count {
            let index = self.index(self.startIndex,
offsetBy: i)
            return self[index]
        }
        return nil
    }
}

"swift"[0]        // s
"swift"[5]        // nil
"swift"[-1]       // nil
""[0]             // nil
""[-1]            // nil
```

不適切な整数が指定された場合や、文字列が空だった場合、「添え字」は「nil」を返します。

第16章

クロージャ

「クロージャ」は、それ自体が「何かしらの機能」を果たす「コードブロック」です。

「無名関数」としても知られる「クロージャ」は、何かしらの機能を受け渡すために使われます。

「Swift」の「クロージャ」は記述をシンプルにして、構文が分かりやすくなるように最適化可能です。

「クロージャ」の仕組みを理解するためには、「Swift」の関数がデータ型して扱えることを知っておく必要があります。

16-1 関数型

実は、「Swift」において「関数」はれっきとした「データ型」です。

これは、「関数」が「関数」をパラメータとして受け渡したり、「関数」から「関数」を返したりできることを意味します。

＊

「関数の型」は、「パラメータの型」と「返り値の型」の組み合わせで表現します。

以下に、単純な計算をして結果を返す2つの「関数」を定義します。

```
func add(_ x: Int, _ y: Int) -> Int {
   return x + y
}

func multiply(_ x: Int, _ y: Int) -> Int {
   return x * y
}
```

どちらも「2つの整数を受け取り、整数を返す関数」です。

「Swift」では、これらの「関数」を「(Int, Int) -> Int型」と示すことができます。

＊

パラメータも返り値もない関数は「() -> Void型」と示すことができます。

一般的なプログラミング言語において、Voidは「何も返さない」ことを表現します。

16-2 「関数型」の使い方

「関数型」の使い方は、「構造体」のような他の型とほとんど同じです。

たとえば、関数を「関数型の変数」に割り当てたりできます。

以下の変数「arithmetic」は「add(_:_:)関数」を参照します。

これはつまり、変数「arithmetic」を呼び出すと、割り当てられている「add(_:_:)関数」を実行できる、ということです。

```
func add(_ x: Int, _ y: Int) -> Int {
   return x + y
}

var arithmetic: (Int, Int) -> Int = add
arithmetic(2, 3)    // 5
```

上のコードにおいて、変数「arithmetic」は「2つの整数を受け取り、整数を返す関数型」として定義されています。

つまり、「(Int, Int) -> Int型」の「add(_:_:)関数」と変数「arithmetic」は、型が一致します。

したがって、「Swift」の型チェックを通過できます。

「関数型」が一致しているなら、変数に割り当てられている関数を「別の関数」で更新できます。

これも通常の型と同じように記述できます。

```
func multiply(_ x: Int, _ y: Int) -> Int {
   return x * y
}

arithmetic = multiply
arithmetic(2, 3)    // 6
```

＊

なお、「関数型」に対しても、「Swift」の型推論を利用できます。

たとえば、「関数型」の定数や変数を定義するとき、「型アノテーション」を省略できます。

```
let anotherArithmetic = add
```

定数「anotherArithmetic」は「(Int, Int) -> Int型」であると推論されます。

16-3 「関数型」の引数

「関数型」を利用すると、「パラメータとして関数を受け取る関数」を定義できます。

＊

以下に定義する「calculator(_:_:_:)関数」には、3つのパラメータがあります。

最初のパラメータは、「(Int, Int) -> Int型」の「math」です。

このパラメータには、「関数型」が一致する「任意の関数」を渡すことができます。

残りのパラメータである「x」と「y」は、最初の関数型パラメータ「math」に渡された計算において、「被演算子」として使われます。

```
func calculator(_ math: (Int, Int) -> Int, _ x: Int, _ y:
Int) {
    print("Result is \(math(x, y))")
}

calculator(add, 3, 5)       // Prints "Result is 8"
calculator(multiply, 3, 5) // Prints "Result is 15"
```

＊

「calculator(_:_:_:)関数」は「実行した計算結果」を出力するだけであり、「どんな計算をするか」は関係なく、その実装にも関知しません。

重要なのは、計算する関数の型が適切であることだけです。

これによって、「calculator(_:_:_:)関数」は型安全な方法で、その機能の一部を「関数の呼び出し元」に委ねることができます。

16-4　「関数型」の返り値

「関数型」を利用すると、「関数を返す関数」を定義できます。

「関数型」の値(つまり、関数)を返すには、関数の宣言にある「戻り矢印」(->)の後に適切な「関数型」を記述します。

ここではランダムな値を返すおみくじゲームのプログラムを例に挙げて、「関数を返す関数」の仕組みを解説します。

*

以下に定義する2つの関数は、おみくじ機能の役割を果たします。

ただし、「emojiGame()関数」は子ども向けなので、結果を絵文字で返します。

もう一方の、「messageGame()関数」は結果を言葉で返します。

```
func emojiGame() -> String {
    return ["😍", "😐", "😢"].randomElement()!
}

func messageGame() -> String {
    return ["very good", "good", "bad"].randomElement()!
}
```

これらの関数はどちらも「() -> String型」です。

どちらのおみくじゲームが相応しいかは、ユーザーの年齢に基づいて判断することにします。

そのために、下の「gameGenerator(for:)関数」を定義します。

```
func gameGnerator(for age: Int) -> () -> String {
    return age < 13 ? emojiGame : messageGame
}
```

この「gameGenerator(for:)関数」の型は「Int型を受け取って、() -> Int型の関数を返す」ことを示しています。

つまり、返り値の「関数型」は、「emojiGame()関数」や「messageGame()関数」の型と完全に一致します。

実装では、パラメータのユーザー年齢が13歳未満だった場合に「子ども向けのおみくじゲーム関数」を返します。

＊

次のコードでは、「gameGenerator(for:)関数」に指定されたユーザー年齢が10歳なので、生成されるゲームは「子ども向けのおみくじ」になります。

```
let omikuji = gameGnerator(for: 10)
omikuji()   // "😍" or "😐" or "😢"
```

定数「omikuji」は「子ども向けのおみくじゲーム」である「emojiGame()関数」を参照します。

16-5 クロージャ式

「関数型」を利用することで、関数自体を一つの値のように受け渡しできます。
特に、「関数型パラメータを受け取る関数」は、「**クロージャ構文**」を利用することで、より簡潔に記述可能です。

「クロージャ構文」は、手短に記述しても明快さや意図を見失うことがないように最適化できます。

＊

ここでは配列の「sorted(by:)メソッド」を例に挙げて、「クロージャ構文」が最適化される過程を解説します。

Swift標準ライブラリの「sorted(by:)メソッド」は、「関数型パラメータを受け取る関数」です。
このメソッドは「どのように並べ替えるか」が記述された「クロージャ」を受け取り、それに基づいて「配列の並び替え」(ソート)を実行します。

「ソートプロセス」が完了すると、「sorted(by:)メソッド」は「型」と「サイズ」が元の配列と同じ「配列のコピー」を返します。

コピーの配列は要素の順番が適切に並び替えられていますが、元の配列が「sorted(by:)メソッド」によって変更されることはありません。

＊

以降の例では、「sorted(by:)メソッド」を利用して、下に定義する「friends配列」をアルファベット降順(Z→A)に並べ替えます。

なお、「friends配列」は定数なので、これ自体が変更されることはありません。

```
let friends = ["Charlie", "Alan", "Emma", "Ben", "Danny"]
```

「sorted(by:)メソッド」が受け取る関数型パラメータは「並べ替える方法を決定する」ために、以下の条件を満たす必要があります。

・引数として、「配列の要素と同じString型」の値を2つ受け取る
・受け取った2つの値を並び替えて「最初の値を前にするかどうか」を示すために、Bool値を返す

つまり、適切な関数型パラメータは、「(String, String) -> Bool型」です。

下に適切な関数型パラメータとなるような、「backward(_:_:)関数」を定義します。

＊

次のコードは、「friends配列」をアルファベットの降順に並べ替えます。

```
func backward(_ name1: String, _ name2: String) -> Bool {
   return name1 > name2
}

friends.sorted(by: backward)  // ["Emma", "Danny",
"Charlie", "Ben", "Alan"]
```

上記のコードでは、「friends配列」の「sorted(by:)メソッド」を呼び出して、そのパラメータに「backward(_:_:)関数」を指定しています。
つまり、「backward(_:_:)関数」は「sorted(by:)メソッド」に渡すための「並べ替えクロージャ」です。

この「並べ替えクロージャ」の実装は、、「2番目より大きいか」を比較しているだけなので、わざわざ関数として定義することは大袈裟に思えます。
「クロージャ構文」を使えば、先ほどの「並べ替えクロージャ」をインラインに記述できます。
一般的なクロージャ式の構文は次の通りです。

```
{ (parameters) -> ReturnType in
   // do something...
}
```

パラメータリストと返り値型の後に「inキーワード」があり、その後に実装が続きます。

そして、全体が「波括弧」({})でラップされている点に注目できます。

*

次のコードは、「backward(_:_:)関数」を定義する代わりに、「クロージャ構文」を利用して「friends配列」をアルファベット降順に並べ替えます。

```
friends.sorted(by: { (name1: String, name2: String) -> Bool
in
   return name1 > name2
})
```

上のコードにおいて、クロージャ部分の「パラメータと返り値の宣言」は「(name1: String, name2: String) -> Bool」です。

これは、先ほどの「backward(_:_:)関数」と、まったく同じです。

ただし、「クロージャ」の場合はそれらが「波括弧」({})の内側に記述されます。

「inキーワード」の後には「クロージャ」のボディが続きます。

*

クロージャ定義の「inキーワード」は「パラメータと返り値型の宣言終了」と「ボディの開始」を示します。

このとき、「クロージャ」のボディが1行だけなら「inキーワード」直後の改行を省略できます。

```
names.sorted(by: { (name1: String, name2: String) -> Bool
in return name1 > name2 } )
```

「sorted(by:)メソッド」の引数全体を「波括弧」({})でラップすることによって、「クロージャ」をインラインに最適化できました。

そのおかげで、「並べ替えクロージャ」の「backward(_:_:)関数」を定義する必要がなくなりました。

「クロージャ構文」のパラメータには既定値を設定できません。

16-6 文脈から型を推論する

「クロージャ」の最適化をより進めていきます。

「friends配列」を降順に並べ替えるために、次のようなコードで「sorted(by:)メソッド」に「並べ替えクロージャ」をインラインに記述しました。

```
friends.sorted(by: { (n1: String, n2: String) -> Bool in
return n1 > n2 } )
```

このとき、「sorted(by:)メソッド」は「文字列の配列」から呼び出されています。

したがって、このメソッドの受け取る関数が「(String, String) -> Bool型」になることは必然です。

「Swift」は、こうしたコンテキストから「クロージャのパラメータ型と返り値型」を推論できます。

これは、「クロージャ」の宣言において(:String, :String)とBoolの記述を省略できることを意味します。

*

さらに、パラメータ型がなければそれを囲む「丸括弧」(())を、返り値型がなければ「矢印」(->)も省略可能です。

```
friends.sorted(by: { n1, n2 in return n1 > n2 } )
```

「関数」や「メソッド」に「インラインなクロージャ」を渡すとき、コンパイラは常に「パラメータと返り値」の型を推論します。

そのおかげで、「関数」や「メソッド」の引数になる「クロージャ」は省略形式で簡潔に記述できます。

「クロージャ」のボディにあるコードが1行だけなら、「returnキーワード」も省略できます。

「return」がない「クロージャ」は、暗黙的にコードの結果を返します。

```
friends.sorted(by: { n1, n2 in n1 > n2 } )
```

「並べ替えクロージャ」のボディは「inキーワード」以降の部分です。

そして、この「sorted(by:)メソッド」の引数は「(String, String) -> Bool型」です。

したがって、「クロージャ」が「Bool型の値を返す」ことは明白です。

さらに、「クロージャ」のボディで「比較演算子」(>)が使われていることからも、「Bool型の真偽値を返す」ことは明白です。

これらの理由により、「returnキーワード」を省略しても意図の明確さに影響はありません。

16-7 引数名を短縮する

「クロージャ」の記述は、さらに最適化できます。

「Swift」はインラインな「クロージャ」の引数に対して、自動的に「短縮した名前」を付けてくれます。

「クロージャ」のボディで「引数の短縮名」を使う場合、引数リストを省略できます。

引数の短縮名は「ドル記号$と番号」で構成されます。

さらに、短縮名の型と個数は、「クロージャが渡される関数」が期待する型に基づいて推論されます。

ちなみに、「クロージャ」のボディが単純な場合は「inキーワード」も省略できます。

```
friends.sorted(by: { $0 > $1 } )
```

「$0」は、「クロージャ」の最初の引数(以前の「name1」)を指しています。

「$1」は、「クロージャ」の2番目の引数(以前の「name2」)を指しています。

自動的な「引数の短縮名」に使われる番号は常に0から開始される点に注意してください。

*

「クロージャ」は、さらに短く記述できます。

「Swift」のString型は、「大なり演算子」(>)を、「文字列を2つ受け取って、真偽値を返す」メソッドとして実装しています。

つまり、この「大なりメソッド」(>)は「(String, String) -> Bool型」の関数です。

これは「sorted(by:)メソッド」が受け取るクロージャの型と完全に一致します。

したがって、「大なり演算子」(>) を渡すだけで、「Swift」は「文字列を2つ受け取って、真偽値を返す」ことを推論してくれます。

```
friends.sorted(by: >)
```

上のコードは「引数の短縮名」も省略するだけでなく、「波括弧」({}) も省略しています。

これによって、「sorted(by:) メソッド」のクロージャ構文を最もシンプルな形式で記述できました。

16-8 末尾クロージャ

関数に渡すいくつかの引数のうち、最後が「複数行に及ぶクロージャ式」だった場合は、それを「**末尾クロージャ**」として記述できます。

「末尾クロージャ」を利用すると、複雑になりがちな長文の「クロージャ」を整然とした見た目に整えることができます。

「末尾クロージャ」は関数呼び出しの「丸括弧」(()) の後に記述されます。

以前の「sorted(by:) メソッド」にも「末尾クロージャ」を適用できます。

一見、「クロージャ」と関数が切り離されたように見えます。

```
friends.sorted(by: { $0 > $1 } )      // 通常の形式
friends.sorted() { $0 > $1 }          // 末尾クロージャ形式
```

「末尾クロージャ構文」では、関数呼び出しの際に「クロージャ」の引数ラベルを記述しません。

関数を通常の形式で呼び出した場合、ラベルの直後にある「波括弧」({}) の内側にコードを記述しています。

対照的に、末尾クロージャ形式で呼び出した場合、引数ラベルは省略されて「波括弧」({}) が関数から分離したように見えます。

関数またはメソッドの引数が「クロージャ式」だけなら、それを末尾クロージャ形式にした場合は関数呼び出しの「丸括弧」(()) を省略できます。

```
friends.sorted { $0 > $1 }
```

「末尾クロージャ」が最も役立つのは、クロージャの記述が複数行に及ぶ場合です。

たとえば、以下のような整数配列の全要素を二乗するコードを考えます。

```
let numbers = [1, 2, 3, 4, 5]
// Expected results are... [1, 4, 9, 16, 25]
```

元の配列が[1, 2, 3, 4, 5]だった場合、期待される処理結果は[1, 4, 9, 16, 25]です。

クロージャを使わない方法では、以下のようなコードを記述するかもしれません。

```
var results: [Int] = []

for number in numbers {
    results.append(number * number)
}
results     // [1, 4, 9, 16, 25]
```

上のコードでは、計算結果を保持するための「results配列」を準備して、その後に「for-inループ」でコードを反復しています。

Array型の「map(_:)関数」を利用すると、上と同じコードをより簡潔に記述できます。

「map(_:)メソッド」は唯一の引数としてクロージャ式を受け取り、それを配列の各要素に適用(マッピング)します。

そして、「map(_:)メソッド」は代替値を「元の配列の対応する値」と同じ順番で並べた新しい配列を返します。

```
let results = numbers.map({ (number) -> Int in
    let squaredNumber = number * number
    return squaredNumber
})
results     // [1, 4, 9, 16, 25]
```

上の「map(_:)メソッド呼び出し」を末尾クロージャ形式にすると、以下のように記述できます。

```
let results = numbers.map { (number) -> Int in
    let squaredNumber = number * number
    return squaredNumber
}
results     // [1, 4, 9, 16, 25]
```

末尾クロージャ形式の呼び出しでは「map(_:) メソッド」直後には「波括弧」({})だけがあり、そこに「クロージャの機能」がカプセル化されます。

そのため、クロージャは「map(_:) メソッド呼び出し」の「丸括弧」(()) で囲まれていません。

クロージャを最適化することで、より簡潔に記述することも可能です。

```
let results = numbers.map { $0 * $0 }
results     // [1, 4, 9, 16, 25]
```

＊

実際のコーディングでは、対応している関数を呼び出した際に引数のプレースホルダーで[return]キーを押すと、「Xcode」の補完機能によって自動的に末尾クロージャ形式に変更できます。

第17章

ジェネリクス

「Swift」は、値のデータ型がコンパイル時に決定される「静的型付け言語」です。

「静的型付け言語」は、型安全なプログラミングが可能な反面、「動的型付け言語」よりもコードの柔軟性が犠牲になりがちです。

しかし、「ジェネリクス」を利用すると、型安全と柔軟性を両立したパワフルなコーディングが可能になります。

「ジェネリクス」は、Swiftプログラミングの根幹をなす重要な概念の一つです。

17-1 「ジェネリクス」が解決できること

最初に、「なぜ、ジェネリクスが必要なのか」を説明します。

*

例として、以下に「selectWordRandomly(from:)関数」を定義します。

この関数は、パラメータとして受け取ったいくつかの値からランダムに一つだけを選択して返します。

「selectWordRandomly(from:)関数」が正しく動作するのは、パラメータに文字列が指定された場合だけです。

```
func selectWordRandomly(from list: String...) -> String {
    return list.randomElement()!
}
```

パラメータリストにある「...」は、それが「**可変長パラメータ**」であることを示しています。

関数の呼び出し時、「可変長パラメータ」には引数をカンマ記号で区切って、いくつも指定できます。

そして、実装では「可変長パラメータ」を配列として扱うことができます。

```
selectWordRandomly(from: "very good", "good", "bad")
// "very good" or "good" or "bad"
```

＊

次に、同じ操作を「整数」に対して行なう「selectNumberRandomly(from:)関数」を定義します。

この関数が正しく動作するのは、パラメータに整数が指定された場合だけです。

```
func selectNumberRandomly(from list: Int...) -> Int {
    return list.randomElement()!
}

selectNumberRandomly(from: 1, 2, 3, 4, 5, 6)
// 1 or 2 or 3 or 4 or 5 or 6
```

「selectNumberRandomly(from:)関数」の実装は、先ほどの「selectWordRandomly(from:)関数」と完全に同じです。

二つの関数を見比べて分かる通り、異なっている部分は「パラメータと返り値の型」だけです。

＊

これらの関数と同じ操作を「小数点数のリスト」や「真偽値のリスト」に行なう場合、どうしたらいいのでしょうか。

似たような関数をさらに定義するのは、あまり賢い方法とは言えません。

どんなデータ型に対しても動作する、一つの汎用的な関数があると便利です。

「Swift」の「ジェネリクス」は、そのような汎用的な関数を定義できるようにします。

17-2 ジェネリック関数

どのような型に対しても機能する汎用的な関数を「**ジェネリック関数**」と言います。

「ジェネリック関数」は、それが機能する型を抽象化します。

つまり、関数が「どの型に対して機能するか」については具体的に言及しません。

*

以前の「selectWordRandomly(from:)関数」はString型に対して機能するように宣言しました。

同じく、「selectNumberRandomly(from:)関数」はInt型に対して機能するように宣言しました。

これらの関数宣言を抽象化するにあたって重要なのは、「パラメータと返り値の型が同じである」ことです。

前述の関数と同じ機能をもつ「ジェネリック関数」は、String型やInt型だった部分を「具体的な型名ではない文字T」に置き換えることで宣言できます。

この宣言は、関数が「T型の可変長パラメータを受け取って、T型の値を返す」ことを示しています。

```
func selectItemRandomly(from list: T...) -> T {
    // implementation here
}
```

ただし、この時点で、コンパイラはエラーを報告します。

関数の宣言において、パラメータや返り値の型に指定した「T」は、実際には存在しないデータ型だからです。

文字「T」は単に「それらの型(Type)が共通である」ことを示しているだけで、それ以上の意味はありません。

エラーを解消するためには、プログラマーがコンパイラに「Tは実際に存在しない型である」ことを伝える必要があります。

以下の通り、「ジェネリクス」は「角括弧」(<>)を使って、「Tが単なるプレースホルダーである」ことを示します。

```
func selectItemRandomly<T>(from list: T...) -> T {
    return list.randomElement()!
}
```

この、関数名の後に続く角括弧<T>の部分を、「ジェネリクス」の「**型パラメータ**」と言います。

なお、実装は以前の関数とまったく同じです。

＊

「型パラメータ」は、「ジェネリック関数」が呼び出された際に具体的な型に置き換えられます。

たとえば、「selectItemRandomly(from:)関数」のパラメータに文字列が渡されると、型パラメータ「T」はString型として扱われます。

あるいは、整数が渡されると、型パラメータ「T」はInt型として扱われます。

以下に示す通り、「selectItemRandomly(from:)関数」は「Bool値」や「Double値」のリストに対しても汎用的に機能します。

```
selectItemRandomly(from: true, false)
selectItemRandomly(from: "very good", "good", "bad")
selectItemRandomly(from: 0.1, 0.2, 0.3)
```

＊

「型パラメータ」は「カンマ記号」(,)で区切って列挙することもできます。

```
func genericFunction<X, Y, Z>(parameter1: X, parameter2: Y)
-> Z {
    // implementation...
}
```

「ジェネリクス」を利用するとコードが汎用的になるので、プログラムの柔軟性が向上します。

「型パラメータ」は引数や返り値の型としてだけでなく、関数のボディで「型アノテーション」としても使用できます。

いずれの用途であっても、型パラメータは関数が呼び出されたときに「実際に機能する具体的な型」へと置き換えられます。

＊

「型パラメータ」の名前にはたいていの場合、「その意図を伝える説明的な名前」

を指定します。
　ただし、「型パラメータ」が「どのような役割を果たすか」について、それほど意味をなさないこともあります。

　その場合は、「selectItemRandomly(from:)関数」で「T」を用いたように、「U」「V」などの文字を付ける慣習があります。

　なお、「型パラメータ」の名前は常に大文字から開始します。
　そうすることで、値ではなく「型のプレースホルダーである」ことが明確になります。

17-3 ジェネリック型

　「Swift」の「ジェネリクス」は関数だけでなく、型にも利用できます。

　「ジェネリクス」を利用して定義された汎用的な型を「**ジェネリック型**」と言います。
　実際のところ、「Swift」の辞書や配列の定義には「ジェネリクス」が利用されています。

＊

　「開発者向けドキュメント」(Xcode メニュー > Help > Developer Documentation)によると、「Swift」の辞書は次のように宣言されています。

```
Dictionary<Key, Value>
```

　「Key」と「Value」は辞書の「型パラメータ」です。
　これらの名前は、それぞれが「辞書のキーと値に使用される」ことを明確にしています。

　また、以下に示す通り、配列の定義における「Element」という型パラメータ名は、それが「配列の要素に使用される」ことを明確にしています。

```
Array<Element>
```

＊

　以降、「ジェネリック型」を解説するために、「キュー構造のコレクション」をモデル化した独自の構造体を定義します。

＊

「キュー」は、「配列よりも操作方法が制限されたデータ構造」です。

たとえば、「キュー」に追加した「新しいアイテム」は、常に最後尾に配置されます。

また、「キュー」から取り出せるのは「先頭のアイテム」だけです。

つまり、先に追加したアイテムが必ず先に取り出されることになります。

これは、「遊園地のアトラクションに並んだ行列」を思い浮かべると分かりやすいかもしれません。

先に並んだ人から入場していき、後から来た人は行列の最後に並びます。

このような制御は、一般的に「先入れ先出し(FIFO: First In, First Out)」方式として知られています。

＊

以下に、「キュー構造」をモデル化するQueue型を定義します。

```
struct Queue {
    var items: [Int] = []
}
```

「itemプロパティ」は、整数を並べる配列です。

つまり、上のような定義では、Queue型は「整数のコレクション」としてしか機能しません。

汎用的に利用できる「キュー構造」にするには、「ジェネリクス」の「型パラメータ」を宣言します。

ジェネリック型の「型パラメータ」は、構造体名の直後に配置した「角括弧」(<>)の内側に記述します。

```
struct Queue<Element> {
    var items: [Element] = []
}
```

上記のコードにおける型パラメータ名の「Element」は、それが「キューの要素型」として利用されることを明確にしています。

そして、インスタンスが初期化される際には実際の型と置き換わります。

*

「キュー」の要素を操作することを「キューイング」と言います。

前述の通り、「キューイング」は、「キューの最後尾に新しいアイテムを追加する操作」と「キューの先頭にあるアイテムを取り出す操作」の二つです。

「キュー」の最後尾に新しいアイテムを追加する操作は、一般的に「**エンキュー**」と言います。

反対に、「キュー」の先頭にあるアイテムを取り出す操作を「**デキュー**」と言います。

*

以下のコードは、それぞれの操作を行なうために「enqueue(_:)メソッド」と「dequeue(_:)メソッド」を定義します。

いずれのメソッドもインスタンス自身の状態を変更するので、「mutatingキーワード」をマークする必要があります。

```
struct Queue<Element> {
    var items: [Element] = []

    mutating func enqueue(_ item: Element) {
        items.append(item)
    }
    mutating func dequeue() -> Element {
        return items.removeFirst()
    }
}
```

この「キュー構造体」はジェネリック型なので、配列や辞書のように「任意の型」をキューイングできます。

新しいジェネリックな「キューのインスタンス」を作るには、「型パラメータ」に「キューイングしたい値の型名」を記述します。

```
var wordQueue = Queue<String>()
var numberQueue = Queue<Int>()
```

変数「wordQueue」には、「String型のインスタンス」のみをキューイングできます。

変数「numberQueue」には、「Int型のインスタンス」のみをキューイングできます。

「キューイング」を行なうと、新しいアイテムは最後尾に配置されて、先頭のアイテムから順に取り出されます。

```
wordQueue.enqueue("a")    // ["a"]
wordQueue.enqueue("b")    // ["a", "b"]
wordQueue.enqueue("c")    // ["a", "b", "c"]
wordQueue.dequeue()       // ["b", "c"]
wordQueue.items           // ["b", "c"]
```

上のコードでは「"a"」「"b"」「"c"」の順にエンキューした後に、最後にデキューしています。

したがって、「キュー」には「"b"」と「"c"」が残ります。

第4部

ステップアップ

ここまでで、「Swiftコーディングの基本」からはじめて、「プロトコル」「エクステンション」「クロージャ」「ジェネリクス」などの高度な概念を解説しました。

次のステップは、「Swiftコード」を使ったアプリケーション(App)の開発に挑戦することです。

ページの都合で、App開発を詳しく解説することはできませんが、「SwiftUIフレームワーク」について説明します。

そして、「Mac」と「iPad」での「App開発」について、「お勧めの学習方法」を紹介します。

第18章

SwiftUI

「SwiftUI」は、「Appleデバイス」向けの「App」を開発するためのフレームワークです。
美しくダイナミックな画面の「App」を、スピーディに開発できます。

18-1　「SwiftUI」とは

「SwiftUI」は2019年に発表されて以降、毎年のバージョンアップを経て、現在も機能がますます強化されています。

それまでに利用されていた「UIKit」や「AppKit」といったフレームワーク※は、過去のものになりつつあるのです。

＊

「SwiftUI」で開発されたアプリは、同じコードベースが、そのまま「iPhone」や「iPad」「Mac」などの各デバイスに最適化されて動作します。

2024年に発売予定のヘッドセット型の空間コンピューティング端末「Apple Vision Pro」でも、「SwiftUI」なら既存のiPhoneアプリが動作します。

※「フレームワーク」とは、目的を実現するために役立つ機能を提供してくれるソフトのパッケージです。
　Apple社は、自社プラットフォーム向けアプリを開発するために利用できる、便利なフレームワークを、多数用意しています。

18-2 宣言型シンタックス

「SwiftUI」は、「ドメイン固有言語」(DSL; Domain Specific Language)という側面をもっており、一見すると通常のSwiftコーディングでは見られない構文なので、戸惑ってしまうかもしれません。

たとえば、下に示すコードは「Hello, world!」というテキストを表示するだけの単純なアプリの画面です。

ただし、「フォントサイズは大きめのタイトル」で「余白付き」になっています。

```
struct ContentView : View {
    var body: some View {
        Text("Hello, world!")
            .font(.largeTitle)
            .padding()
    }
}
```

「.font()」や「.paddin()」は、「モディファイア」と呼ばれる修飾子で、「SwiftUIコンポーネント」をカスタマイズする役割を果たします。

さまざまな「モディファイア」を自在に書き連ねていくことで、「SwiftUI」はコードの簡潔さを維持したまま、アプリの画面を装飾できるようにします。

18-3 デザインツール

「SwifUI」は、「API※」を提供するだけのフレームワークではありません。

「Xcode」と完全に統合されているので、Xcodeの「デザインキャンバス」に「SwiftUIコンポーネント」をドラッグ&ドロップして、アプリの画面を構築できます。

さらに、「デザインキャンバス」は隣接する「コードエディタ」と完全に同期しているため、キャンバス上で構築したアプリ画面の内容は、自動的にコードとして記述されます。

反対に、コードを記述すると即座にキャンバス上でプレビューできます。

また、「デザインキャンバス」では、各種デバイスの「プレビュー」を並べたり、「ライトモード」や「ダークモード」などの「プレビュー」を確認することもできます。

「SwiftUI」のワークスペース

驚くべきことに、「デザインキャンバス」の「プレビュー」は見かけ上のハリボテではなく、実際の「App」そのものです。

これはつまり、「実行しながらアプリを開発できる」ということです。

> ※「API」(Application Programming Interface)とは、そのアプリケーションに必要な機能をコードで呼び出すための仕組みです。
>
> たとえば、「CoreLocation フレームワーク」は、現在の位置情報を取得するための API を提供します。

18-4 データとビューの連携

「SwiftUI」が提供する機能は、「UI※」関連のコンポーネント以外にもあります。

「SwiftUI」は、「ビュー」(ユーザーが目にする画面上の部品)と「データモデル」を分離します。

たとえば、何かしらの事由によってデータに変更が発生すると、「ビュー」が自動的に更新される仕組みなどがあります。

そのおかげで、アプリがより安全に動作するようになるのです。

*

「SwiftUI」に関する最新情報は、「Apple Developerサイト」で確認できます。

https://developer.apple.com/jp/xcode/swiftui/

※「UI」(User Interface)とは、「ユーザー」と「アプリケーション」の接点となる部分を指します。
つまり、「App」の画面を構成する「ボタン」や「画像」などのことです。

第19章

「Mac」で「Appの開発」を学ぶ

Macの「Xcode」でアプリを開発するためには、さまざまなスキルを習得する必要があります。

ここでは、それらを学ぶためにAppleが提供している「公式情報」をいくつか紹介します。

19-1 「SwiftUI」について

Appleの開発者向けサイトでは、「SwiftUI」のチュートリアルが公開されています。

https://developer.apple.com/tutorials/swiftui

一つずつ手順を追っていくことで、「Xcode」の使い方と「SwiftUI」の特徴を学ぶことができます。

テキスト解説は英語ですが、動画と静止画が合体したようなダイナミックなコンテンツになっているのが特徴です。

*

Appleは米国に籍を置く企業なので、最新の情報は常に英語で提供されます。
英語が苦手な場合は、MacやSafariの翻訳機能を利用するといいでしょう。

たとえば、Safariで「メニューバー」から、「表示」>「翻訳」>「日本語に翻訳」を選択すると、英語のWEBページを日本語に翻訳できます。

SwiftUI Tutorials
「SwiftUIの使い方」や「アプリの設計とレイアウト」などの4つのチャプターに分かれている。

19-2 iOS向けAppの開発

上の「SwiftUIについて」と同じく、iPhoneアプリを開発するチュートリアルですが、より深い内容になっています。

https://developer.apple.com/tutorials/app-dev-training

また、「SwiftUI」以前に主流だった「UIKit」を利用する方法も実践できます。

さらに、ネットワークを利用したプログラミングや「Xcode」に備わっているテストツールを学ぶことができます。

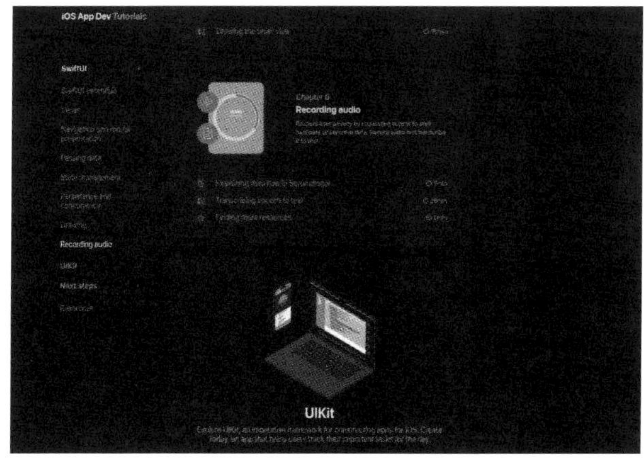

iOS App Dev Tutorials
こちらの解説は全8チャプターで構成されている。

19-3 「SwiftUI」のサンプルApp

「SwiftUI」を使った、さまざまなアプリケーションについて、その内部のコードを見ることができます。

https://developer.apple.com/tutorials/sample-apps

完成したアプリのプログラムは少なくないので、どこから読むべきか戸惑ってしまうことがありますが、このチュートリアルは段階を追ってコードが解説されています。

解説されているAppごとに「データフロー」「画面遷移」「ビュー構築」「画像の表示方法」「通信」「モーションセンサ」「マルチタッチ」など、さまざまな学習テーマが設けられています。

＊

なお、「Swift Playgroundsアプリ」では、ここで解説されているサンプルAppを実際に実行して、どのように動作するかを確認しながら学習することもできます。

こちらではすべての解説が完全に日本語ローカライズされているので、学習しやすいでしょう。

Sample Apps Tutorials

第20章

iPadでAppの開発を学ぶ

これまでは、「iPhone向けApp」を開発するには「Xcode」が動作する「Mac」が必要でした。

しかし、近年では「Swift Playgrounds」にApp開発する機能が搭載されたことにより、iPadでもApp開発ができるようになりました。

ここでは、「Swift Playgrounds」でアプリ開発を学べるコンテンツを紹介します。

なお、Macの「Swift Playgroundsアプリ」にも同じコンテンツが用意されています。

20-1 「Swift Playgrounds」でのApp開発

「Swift Playgrounds」は、最近のアップデートで、アプリを開発できるようになりました。

実際に、「開発したアプリ」を「App Store」でリリースする手続きまで可能です。

「Swift Paygrounds」でアプリを開発するには、「新しいプロジェクト」を作ります。

アプリ開発のプロジェクトは、ライブラリ画面の下部にある「App」をタップすると作成できます。

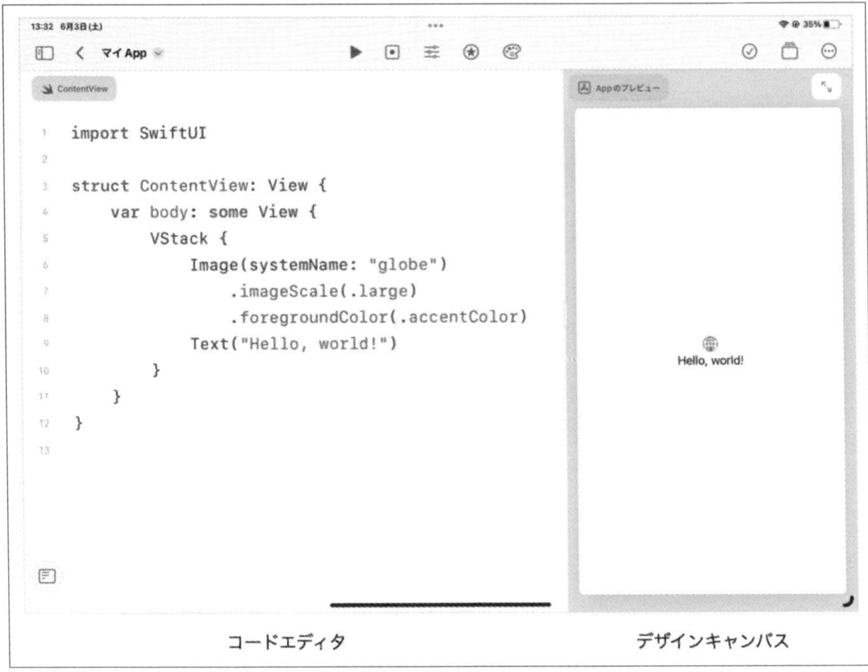


```
import SwiftUI

struct ContentView: View {
    var body: some View {
        VStack {
            Image(systemName: "globe")
                .imageScale(.large)
                .foregroundColor(.accentColor)
            Text("Hello, world!")
        }
    }
}
```

「iPad版Swift Playgrounds」のワークスペース

＊

一見すると、「Swift Playgrounds」のワークスペースは「Xcode」のミニチュア版のように見えますが、「SwiftUI」を使って完全なアプリケーションを開発できます。

統合開発環境ではないので多少の不便はありますが、「iPadで開発作業を行なう利点」もあります。

たとえば、「モーションセンサ」を使ったアプリを開発する場合、iPad上でそのままアプリを実行できます。

カメラで写真を撮影するようなアプリも、iPadで実行しながら開発すると、楽しいかもしれません。

＊

「Swift Playgrounds」でアプリを開発する方法は、各種「プレイグラウンド」をダウンロードして学ぶことができます。

初めに「**Appの作成を始めよう**」と「**Appで続ける**」を試してみることをお勧めします。

> ※なお、いくつかのプレイグラウンドは「iPad」でのみ利用可能で、Macの「Swift Playgroundsアプリ」では表示されません。

・Appの作成を始めよう

最初にお勧めするこの「プレイグラウンド」では、「SwiftUIビュー」がどのようなものかを確認しながら、その基本的な扱い方を学びます。

たとえば、SwiftUIビューの独特な宣言方法、画像やテキストを複合的に配置する方法を試しながら、インタラクティブにAppを開発していきます。

さらに、「モディファイア」と呼ばれる便利な修飾子の使用方法を学び、「SwiftUI」の宣言的なコーディングを実践します。

・Appで続ける

このプレイグラウンドでは、「Source of Truth（信頼できる情報源）」というコンセプトを学びます。

これは、「SwiftUI」がビューとデータを分離して、一貫した方法でアプリの動作を制御する方法です。

「SwiftUI」はこの仕組みを利用することで、ユーザーの操作に反応できるAppを開発できるようになります。

＊

この他にも、「機械学習を始めよう」ではカメラを使った「画像認識」について、機械学習モデルがどのように実装されているかを知ることができるなど、さまざまなプレイグラウンドがあります。

20-2 Appギャラリー

「SwiftUIフレームワーク」によるApp開発の基本を学んだら、次は「Appギャラリー」のプレイグラウンドに挑戦してみるといいでしょう。

「SwiftUIフレームワーク」のデータ制御に関するAPIを学んだり、その他さまざまなフレームワークの実践的な使い方を学ぶことができます。

以下、「Appギャラリー」にあるプレイグラウンドのいくつかを、お勧めの学習順に紹介します。

・プロフィール

アプリの画面遷移、つまり「ナビゲーション」について学ぶことができます。

タブを選択して画面を切り替えたり、上下にスクロールしたりできるAppを作成します。

・予定表

データをリスト形式で表示するAppを作成します。

データが作られるたびに、動的にリストを作る方法を学ぶことができます。

「SwiftUI」は、リストを動的に作るためにいくつかのプロトコルを使用します。

・震度計

このプレイグラウンドでは、「CoreMotion」フレームワークを使って、センサからのデータを可視化するアプリを作ります。

「CoreMotion」は、iOSの「モーションセンサ」を制御するためのAPIを提供するフレームワークです。

「SwiftUI」のビューを使って、モーションデータをグラフやメーターなどの直感的な方法で可視化する方法を実践し、データの更新によって画面が自動的に更新される仕組みを学ぶことができます。

・イメージギャラリー

大きな画像を表示するには時間がかかるかもしれません。

そうなった場合、アプリはユーザーからの操作に応答できなくなります。

このプレイグラウンドでは、アプリに「並行プログラミング」を導入することによって、そのような問題を解決する方法を学びます。

・ミームメーカー

便利なアプリはたいてい、何かしらの手段によってオンラインに接続されているものです。

この「プレイグラウンド」では、インターネットから画像データを取得して、画面に表示する方法を学びます。

その際、非同期的にコードを実行する仕組みを使って、画像のダウンロード中もAppが応答し続けられるようにします。

＊

実際のところ、「Appギャラリー」で作成している「App」は、コードの量も多く、高度な方法で実装されています。

そのため、すべてのコードがすぐに理解できるものではありません。

理解を深めるためには、知らないことを積極的に調べて、新しいことを継続的に学習し、スキルアップを図っていく必要があります。

第21章 学び続ける

「プログラミング学習」に終わりはありません。
テクノロジーは常に進化し、新しい製品が発売され、ユーザーの要求は高まるからです。
ここでは、「Swiftプログラマー」として継続的にスキルアップするために役立つコンテンツを紹介します。

21-1 WWDC

「WWDC」(Worldwide Developers Conference)は、Appleが毎年6月頃に開催する世界規模の開発者向けイベントです。

WWDC期間中は100以上のセッションが行なわれ、Appleのソフトウェアとハードウェアに関する最新のアップデートを知ることができます。

YoutubeやAppleのWEBサイトから視聴できる無料のライブ配信があり、誰でもどこからでも参加できます。
近年のコンテンツはアーカイブ配信で日本語の字幕がつくようになりました。

＊

「WWDC」で最も注目されるのは、初日に行なわれる基調講演「Keynote」と「State of the Union」です。
たとえば、2014年に開催された「WWDC」では、基調講演のラストに「Swift」がサプライズ発表されました。
開発者たちが驚きをもって歓迎した様子は、AppleのYoutubeチャンネルで見ることができます。

WWDC 2014「Keynote」 https://youtu.be/w87fOAG8fjk

直近の「WWDC2023」では、基調講演の最後に「Apple Vision Pro」が発表されて、世界中で話題になりました。

「Apple Vision Pro」はモバイルデバイスの「iPhone」、ウェアラブルデバイスの「Apple Watch」以来の、「空間コンピューティング」という新たなカテゴリに属するデバイスです。

Vision Pro

2021年には「Swift」に「並行プログラミング」の仕組みが導入されることが発表されたり、2022年には「Swift」に最適化された正規表現が発表されるなど、Swiftプログラマーであれば絶対にチェックしておくべき内容が、毎年のようにあります。

21-2 「WWDC」のセッションを視聴する

これから「SwiftUI」を学ぶなら、最初に「WWDC2019」のセッション動画を見ておくべきでしょう。

WWDC 2019「SwiftUIの紹介」
https://developer.apple.com/wwdc19/204

WWDC 2019「SwiftUIの紹介」
デフォルトでは字幕は英語だが、日本語に変更できる

「WWDC」では、Appleデバイス向けのアプリ開発以外に、プログラマーとしての純粋なスキルアップにつながるセッションも行なわれます。

たとえば、2018年に配信された「アルゴリズムを理解する」は「アルゴリズムとは何か」「実際のプログラミングでそれがどのように役立つか」を知ることができます。

WWDC 2018「アルゴリズムを理解する」
https://developer.apple.com/wwdc18/223

2019年の「優れたデベロッパの習慣」も興味深い内容です。

ここではアプリケーションを開発する過程において、コードの品質を改善する方法や実践的なテクニックが紹介されています。

WWDC 2019「優れたデベロッパの習慣」
https://developer.apple.com/wwdc19/239

他にも、視聴すべきセッションはたくさんあります。
興味のあるトピックを見つけたら、新しいものから視聴して少しずつ遡っていくことをお勧めします。

*

「WWDC」のコンテンツはWEBブラウザやYoutubeの他に、「Apple Developerアプリ」を利用して視聴することもできます。

「履歴」や「ブックマーク」「トピック分類」「検索」などの管理機能が充実してるので、より便利に視聴できます。

「Apple Deveroperアプリ」は、「iPhone」と「iPad」では「App Store」から、「Mac」では「Mac App Store」から無料で入手可能です。

ちなみに、「Apple Developerアプリ」は「AppleTV」でも利用できます。

謝　辞

私は普段、東京と千葉にあるいくつかの小学校で、「放課後教室」の子どもたちにプログラミングを教えています。

彼らはいつも純粋な気持ちで、楽しそうに一生懸命学んでくれます。

レッスンでは、作ったコードを実行して思った通りに動かしたり、間違っていたところを探して直すことを繰り返します。

算数や国語は苦手な子でも、プログラミングを学ぶことは楽しくて仕方ないのです。

本書を執筆するにあたっては、大人の読者にもそのような気持ちを感じてもらえるような内容にすることを心がけました。

＊

最後になりましたが、本書を手に取って読んでいただき、ありがとうございました。

本書はさまざまな面で、多くの方に支えられて制作することができました。

皆様に心からの感謝を捧げます。

＊

気配りとユーモアで支えてくれる母に。

その成長ぶりと笑顔で励ましてくれる三人の甥と姪に。

純粋な心でプログラミングを楽しんでくれる放課後教室の子どもたちに。

放課後教室で子どもたちにプログラミングを教える機会を設けてくれた、学校の職員とNPOスタッフの方々に。

本当にありがとうございました。

索　引

アルファベット順

《A》

AND……76
Android……9
API……157
App Store……17
AppKit……156
Appギャラリー……166

《C》

code smell……43

《D》

default節……115

《E》

else-if節……74
else節……73

《F》

FizzBuzz問題……71
Floating-point number……21
for-in ループ構文……90
func……55

《G》

get……59

《I》

IDE……9
if……73
if条件分岐コード……73
iMac……8
init……55
Integer……20
Integrated Development Environment……9
iPad……8
iPad Air……8
iPad Pro……8
iPadOS……8

《M》

Mac……8
Mac App Store……10,12
Mac mini……8
MacBook Air……8
MacBook Pro……8
macOS……8
mutating……53

《N》

nil……81
Nil結合演算子……89
NOT……78
number……66

《O》

operand……25
operator……24
OR……77

《P》

Playground……9,13
Playground ファイル……13

《R》

repeat-whileループ……94

《S》

self……51,64
set……59
static……64
Stored Property……48
String……21
struct……45
Swift……7
Swift Playgrounds……9,17,163
Swift Playgrounds アプリ……162
SwiftUI……156,160
Swiftコード……9
switch分岐構文……114

《U》

UI……158
UIKit……156,161

《W》

whileループ構文……92
Worldwide Developers Conference……168
WWDC……168

《X》

Xcode……9,12,161

五十音順

《あ》

あ 値型データ……57
値に名前をつける……26
暗黙的にアンラップ……87
アンラップ……83
い イニシャライザ……46,122,131
インクリメント……30
インスタンス……45,52
インスタンス・メソッド……52
インスタンスプロパティ……63,65
インスペクター……15
インターフェイス……120
え エクステンション……127,131
エディタ……15,19
エンキュー……153
演算……25
演算と代入を同時に行なう演算子……30
演算子……24
お オプショナル……82
オプショナル・バインディング……85

《か》

か 外部引数名……38
返り値……41
格納プロパティ……48,59
カスタムのイニシャライザ……55
型アノテーション……31,82,97
型推論……31
型パラメータ……96
型プロパティ……63
型メソッド……65
型安全……29,31
可変長パラメータ……147
関係演算子……69
関数……34
関数型……136
き 機械語……9
危険な臭いがするコード……43
既定値……27
キューイング……153
強制的なアンラップ……84
く クロージャ構文……139
グローバル変数……42
け 計算プロパティ……59,62
ケース値……113
結合……25
ゲッター節……59,62
こ 構造体……45
コーディング……20
異なるデータ型……25
コメント……22
コンソール……19,33
コンパイラ……9
コンパイル……9

《さ》

さ 三項条件演算子……80
参照……27
参照型データ……58
し ジェネリック関数……149
ジェネリック型……151
識別子……27
自己可変……53
自己可変メソッド……52
辞書……105,108,110
実行ボタン……16
条件分岐……71
初期化……49,54
真偽値……68
シンタックスシュガー……96
す スコープ……42
せ 整数……20
静的プロパティ……63
静的メソッド……65
静的型付け言語……29
セッター節……59,62
宣言……27
そ 挿入……100
添え字……95,122
添え字アクセス……133

《た》

た タプル……104
つ 追加コンポーネント……12
て 定義……27
停止ボタン……16
定数……27
データが存在しない……81
データ構造……95
デキュー……153
デクリメント……30
デバッグ……33
デバッグエリア……15,33
と 等価演算子……69
統合開発環境……9
動的型付け言語……29
ドメイン固有言語……157

《な》

な 内部引数名……38
ナビゲーター……14
並べ替えクロージャ……142
に 二項演算子……70

《は》

は バイナリ……9
配列……95,110
バグ……33
パラメータ……37
パラメータリスト……40
ひ 被演算子……25
比較演算子……69
引数……38
引数の短縮名……143
標準イニシャライザ……46,49
ふ ファイル・インスペクター……15
複合代入演算子……30
不等価演算子……69
浮動小数点数……21
プレイグラウンドブック……18
プロトコル……120,122
プロパティ……47,48,122
へ ヘルプ・インスペクター……15
変数……28

《ま》

ま マイプレイグラウンド……17
前置き演算子……78
末尾クロージャ……144
み ミュータブル……53
め メソッド……51,52,122,125
メンバーワイズ・イニシャライザ……49
も 文字列……21
文字列補間……34

《ら》

ら ラベル……38
ランタイム・エラー……84
り リテラル……20
履歴インスペクター……15
れ 列挙型……112
連結……25
ろ ローカル変数……43
論理演算……76
論理積……76
論理値……68
論理否定……78
論理和……77

《わ》

わ ワイルドカード……39

著者略歴

新井　進鎬（あらい・ちの）

1981年生まれ。千葉県出身のB型。東海大学卒。Udemy講師。
2015年から市原こどもプログラミング教室を主宰。
現在は千葉と東京の小学校を中心に、各地の放課後教室でプログラミングのレッスンを提供。
Twitterアカウント「@startyourcode」

本書の内容に関するご質問は、
①返信用の切手を同封した手紙
②往復はがき
③FAX (03) 5269-6031
（返信先のFAX番号を明記してください）
④E-mail　editors@kohgakusha.co.jp
のいずれかで、工学社編集部あてにお願いします。
なお、電話によるお問い合わせはご遠慮ください。

サポートページは下記にあります。

［工学社サイト］
http://www.kohgakusha.co.jp/

I/O BOOKS

まるごと分かる Swiftプログラミング

「コーディングの基礎」から「アプリ開発の学習法」まで徹底解説

2023年 7 月30日　初版発行　©2023

著　者　新井　進鎬
発行人　星　正明
発行所　株式会社工学社
〒160-0004 東京都新宿区四谷4-28-20 2F
電話　(03) 5269-2041（代）［営業］
　　　(03) 5269-6041（代）［編集］
振替口座　00150-6-22510

※定価はカバーに表示してあります。

印刷：（株）エーヴィスシステムズ

ISBN978-4-7775-2260-6